數位時代的
內容行銷
入門必修課

前言

■ 本書期望達成的目標是「讓所有人都能快速地寫出能在工作上使用、具有一定水準的文章」

有很多文章都在談「如何寫出好文章」。一直以來我都在思考，如果有一本非常實用的書，能幫助在工作上有撰寫文章的需求，卻不太擅長寫作的人，**讓「大部分的人」能「快速」的「寫出能在工作上使用」的文章**，該有多好。

各位是不是覺得，這個目標充滿著模糊不清的形容詞呢？但是對當時還不擅長寫文章的我來說，「完美的文章、讓你成為寫作高手的文章術、高速寫作法」這些東西，實在是太難了，常常學不到半點東西就無疾而終。所以我寫了這本不用技術太精通，卻**「能輕鬆學會如何寫作，寫出七十分左右文章」**的書。不過寫出來的文章，水準也不能太低，因為是用在工作上的文章，必須達到「能確實創造營利的水準」。

為了達成這個有點任性的目標，本書將文章的水準定義為「能在工作上使用的最低限度」，並分享我濃縮撰寫和編輯過上千篇文章經驗而成的「新文章範例模型」，運用「填空式設計表格」和「階段式文章寫作法」來達成目標。

■ 能帶來營收的文章還是不夠

多次強調「文章必須能在工作上使用」，是有原因的。作為行銷的一環，對網路媒體的經營來說，**投入經費製作內容的目的，最終還是在於「帶來營收」。**比方說，讀者閱讀了文章之後，可能會「購買商品、註冊會員、下載公司簡介」等等。

但撰稿人在寫文章時，會去留意「必須創造出成果」這件事情嗎？就我的經驗來說，不全然如此。我們很容易只將注意力放在眼前的事情上，多少會產生盲點。

■ 直接提高營收並創造成果的文章術

寫文章，是達成「某個目的」的手段。所以只要從目的逆推回去，寫出能夠創造出成果和營收的文章，就能為你增加收入。雖然網路寫手越來越多，但能意識到「文章必須帶來營收」的人卻不多。換句話說，**只要實踐本書的內容，不只能寫出七十分的文章，還能讓你從人海中脫穎而出**，這樣講一點也不誇張。

想寫出能創造出成果的文章，還有其他必要條件，比方說**「對自家商品和服務的理解程度、對客戶的瞭解程度」，其實比「寫作技巧」要來得重要。**如果完全不懂商品或服務的優點在哪，忽視客戶的煩惱，文章寫得再好，也無法創造出成果。

因此，本書簡化了細節，精選撰稿階段的寫作技巧。因為我希望各位不要花太多時間糾結在細節上，而是把時間花在寫作上，撰寫的文章量越多越好。你可以利用空檔，陪同業務拜訪客戶、試用產品或親自體驗服務、採訪客戶等等。總而言之，要想辦法去瞭解「第一線」的情況。

■ 寫得開心又能增加收入，獲得上司和客戶的好評、贏得信賴

當你開始撰寫出能創造成果的文章時，自由度就會增加，文章寫起來不但開心，也能帶來收入。不僅如此，因為你掌握了商品和服務的優勢、瞭解客戶的需求，文章贏得客戶好評的可能性也很高。

換句話說，**享受寫文章的樂趣又能增加收入，還能獲得上司和客戶的好評、贏得信賴。**聽起來好像在作夢，但這很有可能成真。請參閱本書，一邊撰寫文章時，一邊思考寫作的目的。這些話聽起來好像有點狂妄自大，如果各位感到厭煩時，就心裡罵罵我「這個離過婚的大叔（就是我）說話怎麼有點狂妄自大」，並請各位多多包涵。

Contents | 目錄

> Chapter 8

「取材進行方式」決定文章成功與否 …185

關於讀者資源

本書為讀者提供了以下可參考使用的資源。

- 可用於製作文章企劃、文章架構的表格
- 可用於取材、撰稿時的填空表格

請至以下網址下載

http://books.gotop.com.tw/download/ACV046400

※ 檔案為壓縮檔，下載解壓縮後便可使用。

> Chapter 1

撰寫出高效文章的「絕對準則」

想寫出創造成果的文章，比起「寫作能力」，釐清文章「在哪裡、針對誰、期望帶來何種效果」重要得多。沒弄清楚這點，文章很有可能完全達不到預期效果。本章將說明，如何預防寫出無法帶來成效的文章。

Section 01

在動筆前，先整理出文章的大方向

下筆前必須遵守的「絕對準則」就是先確認清楚媒體的目的和目標讀者群。我把自己常用的確認項目整理成「媒體設計表格」，稍後將詳細為各位介紹。Section 03〈確認媒體的主題〉的確認工作雖然很繁複，但只需要確認一次。事前確認工作非常重要，請務必下點功夫。

為什麼不能馬上動筆寫文章呢？

這本書明明是教人如何寫作，為何要從「媒體設計表格」開始做起呢？那是因為，比起寫作的技巧和方法，文章下筆前的「事前準備工作」才是關鍵。無論是個人還是公司，經營媒體是以營利為目，刊登文章都是為了帶來效益。花費時間和金錢寫文章，不是在做公益，不是「有人願意閱讀文章就好」。

正因為如此，撰稿人的工作，不是「單純把文章寫出來」就好，必須掌握媒體期望帶來何種成效，思考如何寫出能確實帶來期望效果的文章。要做到這樣，其實並非短時間內就能一蹴可幾。因此，我準備了填空式的「媒體設計表格」和「文章設計表格」，讓所有人都能輕鬆寫出能創造成果的文章。填寫完那些表格，便可擬定出文章架構正式下筆。各位可能會覺得，要一步一步完成這些事前工作很麻煩，但其實這會比想都沒想就直接動筆寫文章輕鬆得多，更重要的是，能確實帶來成效。文章撰寫的流程圖如下（**圖 1-1**）。

撰寫文章的流程	本書架構
① 製作「媒體設計表格」	第一章
② 以 ① 為基礎，製作「文章企劃表格」	第二章
③ 以 ② 為基礎，製作「文章架構」	第三章
④ 以 ③ 為基礎，撰寫「文章內容」	第四章到第六章

※SEO 和取材將於第七、八章介紹

圖 1-1 「撰寫文章的流程」與「本書架構」

另外，本書是以「從頭到尾具有一致性，一步步做好事前準備工作，便可達到期望的成果」為目的。因此，本書不適合「跳躍式閱讀」，無法挑單章閱讀，還請見諒。

接下來，先為各位詳細介紹什麼是「媒體設計表格」。

透過「媒體設計表格」擬定文章大方向

媒體設計表格其實非常單純，是個能彙整出「媒體目的、概略的目標讀者群、媒體主題、文章主題清單」四大項目的表格（圖 1-2）。在正式開始撰寫之前，不要馬上下筆寫文章，先填寫這份媒體設計表格，能幫助你抓出媒體的整體圖像和大方向。那不僅能讓你輕鬆寫出文章，還可以幫你避開「好不容易把文章寫出來，卻達不到預期效果」的悲劇。

	內容	方法和思考方式
媒體目的		
概略的目標讀者群		
媒體主題		
文章主題清單		

圖 1-2 媒體設計表格

以下針對媒體設計表格的項目，一一為各位說明。

確認媒體的目的

讓我們先來確認「媒體目的」。從媒體設計表格來看，就是下方★的部分（**圖 1-3**）。

	內容	方法和思考方式
媒體目的	★	★
概略的目標讀者群		
媒體主題		
文章主題清單		

圖 1-3 確認媒體目的

所謂的「媒體目的」，換句話說，也就是「製作這個媒體的目的為何」。

比方說，有間名叫「株式會社 GOH 會計」的公司，這間公司主要銷售的產品是「GOH 會計系統」，他們製作了媒體，希望藉此促進會計系統的銷售。這個時候，媒體目的就是「增加會計系統的註冊會員數」，並把目的填進圖 1-3

「內容」的欄位中。如果目的「增加會計系統的註冊會員數」變成是「招募有經驗的人才」，那麼在媒體上刊載的文章類別就會產生很大的變化。因為「想買 GOH 會計系統的人」和「想進株式會社 GOH 工作的人」，想知道的資訊截然不同（**圖 1-4**）。

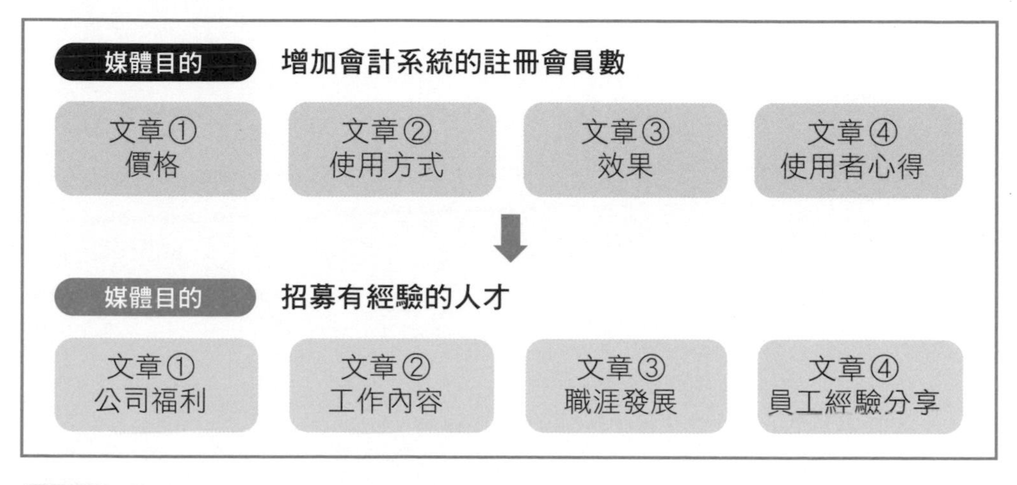

圖 1-4 媒體目的不同，所需的文章內容也不同

為了讓資訊正確地傳遞到目標讀者群手上，釐清媒體目的相當重要。那又該怎麼確認媒體目的呢？這部分不僅跟公司的行銷策略有關，甚至可以說跟業務部門的事業策略緊密相連。因此，當你有機會承接撰稿的工作時，**請先跟製作媒體的人（上司或媒體統籌管理的人）確認媒體目的。**此外，在不同的時期，媒體目的也會有所改變，因此直接詢問現今狀況的媒體目的很重要。比方說，「就公司現在的行銷策略來看，我推測製作媒體的目的應該是這樣。但現在經營媒體的實際目的為何？」（**圖 1-5**）。

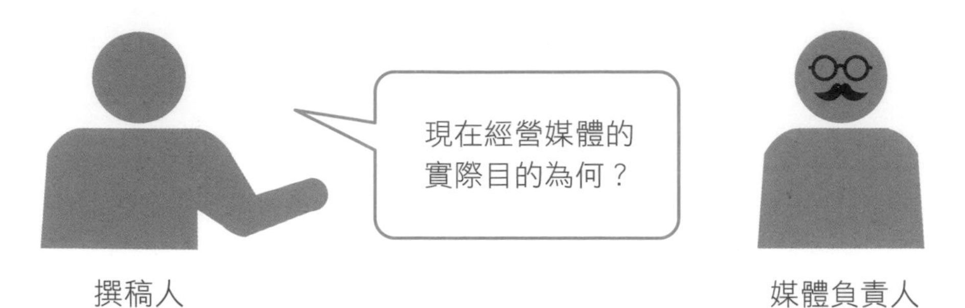

圖 1-5 確認媒體目的

跟媒體負責人確認目的時的注意事項

跟媒體負責人確認目的時，一定要有「自己的想法」。「**就公司現在的行銷策略來看，我推測製作媒體的目的應該是這樣。**但現在經營媒體的實際目的為何？」螢光標示處是最重要的地方。剛開始很難完全掌握對方的想法，你認為推測有憑有據，卻常常猜錯對方的想法，但這沒關係。

正因為拿著自己的想法和根據，去跟媒體負責人確認，才有辦法從對方口中問出答案，「不是那樣，我是以這個為基礎，依據這樣的想法在經營媒體的」。如此一來，當自己的認知有誤時，也比較容易發現。

相對的，劈頭就問對方「請告訴我媒體的目的何在」，就算對方給了答案，也未必會告訴你「答案的組成元素」，比方說引導出這個答案的根據或依據的理論等等，這樣下去永遠不可能理解對方真正的想法。若未能理解對方思考的邏輯，彼此認知永遠是平行線，不斷犯下同樣的錯誤，甚至很有可能被貼上「這個人不求進步」的標籤。**成為有自己想法的人**，這是工作時的一大重點，隨時都要謹記在心（**圖 1-6**）。

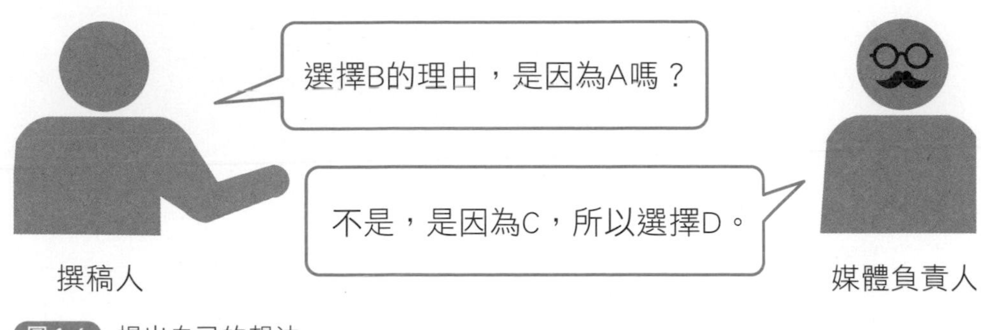

圖 1-6 提出自己的想法

其實我以前也常常忘記要先自己想過一遍，就直接跟上司或客戶提問確認。因此，我建議在提問時，事先準備填空式問題，例如：「總結來說，是△△嗎？背景因素是○○，所以□□（自己的意見）嗎？」這樣可以大量降低忘記的頻率。

> 填充題式提問範例
>
> 「文章內容的確認，可以再給我三天的時間嗎？因為負責做調查的 A 進度落後，加上距離公開發表還有五天的時間，三天後再來確認文章內容應該沒有問題 。」

常見的媒體目的形式

媒體是為了達成各種不同目的的手段。目標讀者群不同，目的當然不同，伴隨而來的目標也會跟著有所改變。如果一點提示也沒有，想要自己推論出媒體目的恐怕很難。這個時候，為方便跟媒體負責人確認，可以將常見的媒體目的與隨之而來的目標，依據目標讀者群分類成幾種模式（**圖 1-7**）。請拿著你準備好的分類內容，跟媒體負責人確認看看。

對象	目的	目標（參考）
針對客戶	促進銷售	吸引顧客、購買服務、提高續約率、提高客單價（交叉銷售、向上銷售）、降低解約率等等
針對求職者	提高雇用人數	增加雇用母體數、降低中途辭退數量、提高錄取報到率等等
針對公司內部	提高員工滿意度	降低離職率、改善業績、提高員工推薦採用率等等

圖 1-7 常見的媒體目的模式

先從確認目的開始做起

前面介紹了為什麼要確認媒體目的，及其確認的方法。不同的媒體目的，會影響到之後該寫什麼樣的文章。先自己想過一遍，有自己的想法之後，再跟媒體負責人確認看看吧（**圖 1-8**）。

	內容	方法和思考方式
媒體目的	增加公司專用會計系統的註冊數量	跟創立媒體的負責人、主編確認
概略的目標讀者群		
媒體主題		
文章主題清單		

圖 1-8 彙整媒體目的

Section 02

確認媒體的概略目標讀者群

經營媒體、撰寫文章時，必須掌握好「希望誰來閱讀文章？」＝「預設的目標讀者群」。目標讀者會因為文章而有所不同，因此必須先釐清媒體共通的概略目標讀者群。

確認媒體的概略目標

接著要思考以下★的部分（**圖 1-9**）。

	內容	方法和思考方式
媒體目的	增加公司專用會計系統的註冊數量	跟創立媒體的負責人、主編確認
概略的目標讀者群	★	★
媒體主題		
文章主題清單		

圖 1-9 依據目的決定目標讀者群

決定好媒體目的後，接著必須確認的就是「希望誰來閱讀文章」，也就是「目標讀者群」。若沒訂定清楚目標讀者群，**很有可能費勁心思寫文章，卻瞄準了錯誤對象。**

比方說，假如媒體目的是「販售公司專用 GOH 會計系統」，而文章卻是以「我爸爸（名字是隆司，喜歡吉他）會有興趣閱讀的記帳文」來撰寫，會怎麼樣呢？如果爸爸的背景跟公司會計沾不上邊，有再多爸爸來閱讀文章，也無法達成目標（**圖 1-10**）。

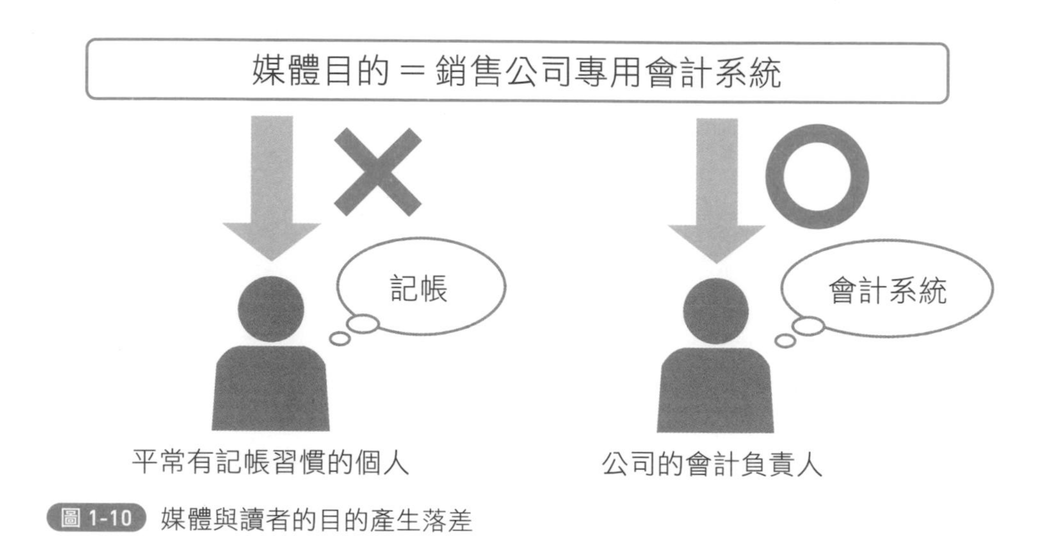

圖 1-10 媒體與讀者的目的產生落差

這種情況，文章應該要以「公司的會計負責人」為目標讀者群。

只不過，假如媒體的目的是「銷售個人使用的記帳軟體」，文章以公司會計負責人為目標，談再多會計系統的細節也沒有意義。

文章內容依據目標讀者群而有所不同

「希望誰來閱讀」，依據不同的目標讀者群，專業術語的使用和文章的表達方式會截然不同。比方說，假如目標讀者群是公司的會計負責人，使用「現金流」或「資產負債表」這類專業術語也能表達無礙。這個時候如果針對「資產負債表」等專有名詞一一詳細解說，對公司企業的會計負責人來說，很有可能過於冗長，反而降低閱讀意願。

另一方面，如果想讓平常有記帳習慣的一般消費者，理解什麼是「資產負債表」，就必須淺顯易懂地說明專業術語，或是適時地換句話說，例如：「企業的會計系統就像是家庭記帳本，詳細來說……」（圖 1-11）。就像這樣，依據不同的目標讀者群，文章的表達方式截然不同，所以即使只是抓個大概也好，事先確認媒體期望的目標讀者是誰相當重要。

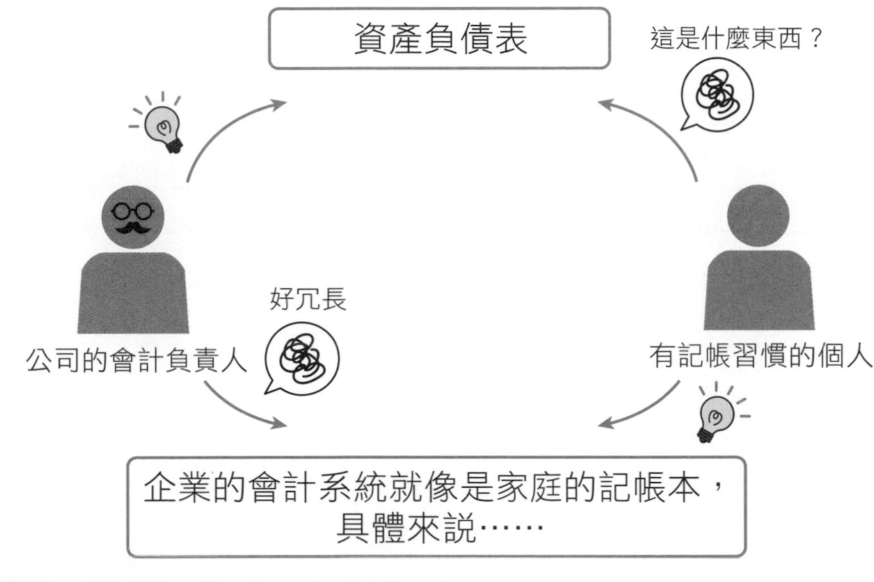

圖 1-11 目標讀者群不同，文章的表達方式大不同

獨自思考目標讀者群時

思考目標讀者群時，「從目的逆推」是很推薦的手法。假如媒體的目的是「提升銷售額」，當然要把「有購買意願的潛在顧客」納入目標讀者群。假如是這樣，一開始就把「有購買意願的潛在顧客」設為目標讀者準沒錯。

銷售「公司企業專用」會計系統的公司，目標讀者群就會是「公司的會計負責人」。銷售「個人專用」記帳軟體的公司，目標讀者群就會是「個人」（圖 1-12）。當你不知道目標讀者是誰時，請試著想想看「這個商品究竟想服務誰」。

圖 1-12 從目的逆推出目標讀者群

能夠訂定出「願意購買商品的人當中，人數最多的種類」是最理想的。但是在還不熟悉媒體經營的階段，要回推出具體且特定的目標讀者群很難，所以可以先從分類開始思考，例如目標讀者是「公司（公用）」還是「個人（自用）」。

「希望誰來閱讀？」文章會因為目標讀者群不同，「表達內容」而有所不同。假如訂定不出明確的目標讀者群，至少要釐清文章的目標讀者是公司還是個人。具體的目標讀者群，之後再設定就可以了，所以現階段這樣暫定也沒有問題（**圖 1-13**）。

	內容	方法和思考方式
媒體目的	增加公司專用會計系統的註冊數量	跟創立媒體的負責人、主編確認
概略的目標讀者群	公司的會計負責人	思考商品或服務的目標客群，至少要釐清目標讀者是「個人」還是「公司」
媒體主題		
文章主題清單		

圖 1-13 訂定媒體的概略目標讀者群

Section 03

確認媒體的主題

擬定好媒體目的和概略的目標讀者群後，接下來必須弄清楚的就是「這個媒體的主題是什麼」。接下來將為各位介紹，如何擬定可以創造成效的文章主題。

媒體的主題＝整體方針

這裡要思考的是下圖★的地方（**圖 1-14**）。

	內容	方法和思考方式
媒體目的	增加公司專用會計系統的註冊數量	跟創立媒體的負責人、主編確認
概略的目標讀者群	公司的會計負責人	思考商品或服務的目標客群，至少要釐清目標讀者是「個人」還是「公司」
媒體主題	★	★
文章主題清單		

圖 1-14 確認媒體的主題

下一個階段要確認的是「媒體的主題」。非常粗略也沒關係，訂定出媒體的概略方針，例如「提供利用會計系統，讓會計作業變輕鬆的實用資訊」。

為什麼必須確認媒體的主題呢？

確認媒體主題的理由在於，避免寫出「跟媒體目的或方針產生落差的文章」。如果跳過思考媒體主題，直接擬定個別文章主題，很容易只把重點放在思考文章靈感上，使最後寫出來的文章偏離了原本的目的。想避免這類問題，就要事先擬定媒體的主題。

此外，確認媒體的主題，也是讓文章點子不枯竭的對策。一個媒體平台上的文章可能超過一百篇，每次都要重頭開始思考也太辛苦了。如果媒體有作為大前提的主題，只要以媒體主題為基礎，就可以輕鬆擬定出新點子（**圖 1-15**）。

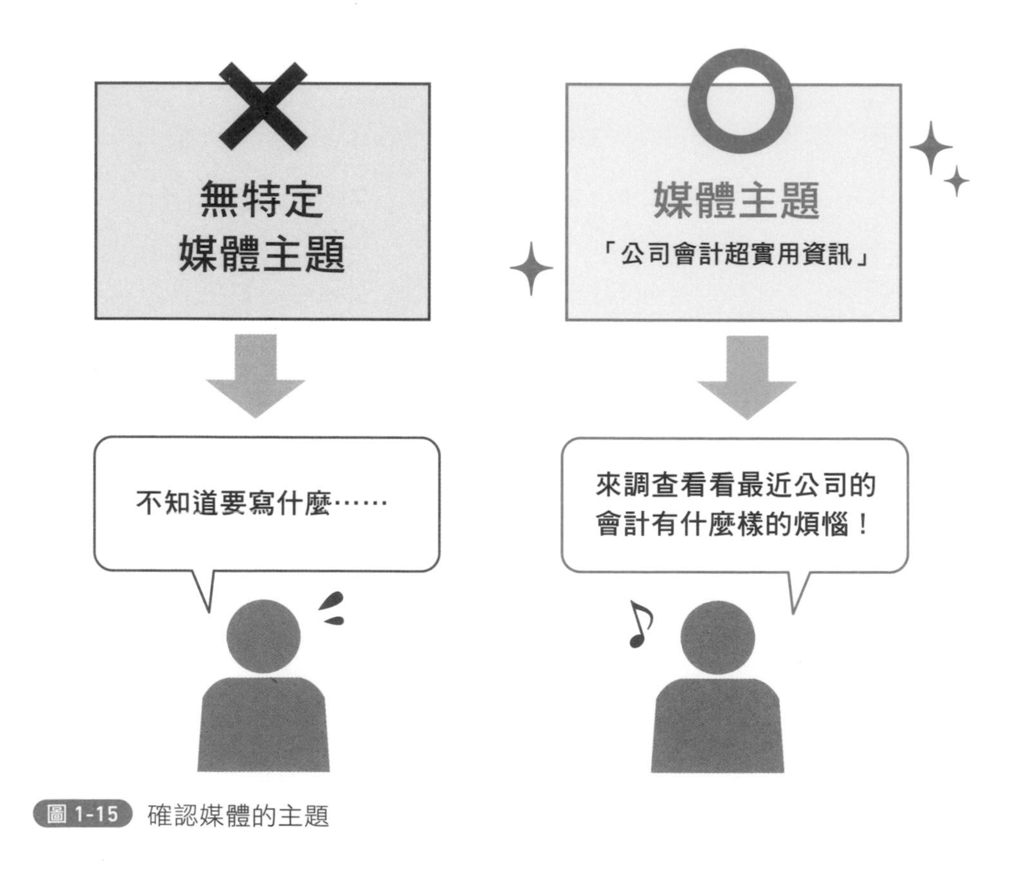

圖 1-15 確認媒體的主題

此外，從 SEO 的角度來擬定文章主題時，思考方式會有點不同（關於 SEO 將於第七章說明）。

自行思考媒體主題時

「媒體的主題」該怎麼擬定才好呢？假如真的想不出來，基本上來說，可以先將媒體的主題設為「欲銷售之商品和服務可以帶來的好處」。因為這樣的主題，就算讀者現階段對自家商品沒有興趣（或是沒聽過），也可能願意閱讀文章。

比方說，假設主題是「會計作業的實用資訊」，沒聽過 GOH 會計系統的人，也可能受到實用資訊的吸引，而願意閱讀文章。假如閱讀文章的人「在公司擔任會計」，非常有可能成為會計系統的潛在客戶（圖 1-16）。

	內容	方法和思考方式
媒體目的	增加公司專用會計系統的註冊數量	跟創立媒體的負責人、主編確認
概略的目標讀者群	公司的會計負責人	思考商品或服務的目標客群，至少要釐清目標讀者是「個人」還是「公司」
媒體主題	公司會計實用資訊	思考既可以達成目的，又有助於媒體目標讀者群的「實用內容」
文章主題清單		

圖 1-16 擬定媒體主題

Section 04

訂定個別文章的主題

釐清了媒體目的、概略的目標讀者群以及媒體整體的主題後，接下來就要開始思考個別文章的主題。這裡將為各位介紹，如何思考個別文章主題，以及能夠有效做出成果的方法。撰稿人大多於此階段，擬定出文章主題的概要。

思考文章主題清單

最後要思考的是以下★的部分（**圖 1-17**）。

	內容	方法和思考方式
媒體目的	增加公司專用會計系統的註冊數量	跟創立媒體的負責人、主編確認
概略的目標讀者群	公司的會計負責人	思考商品或服務的目標客群，至少要釐清目標讀者是「個人」還是「公司」
媒體主題	公司會計實用資訊	思考既可以達成目的，又有助於媒體目標讀者群的「實用內容」
文章主題清單	★	★

圖 1-17 思考文章主題清單

決定好媒體的主題後，思考個別文章的主題時，就會相對輕鬆簡單。假如媒體目的是「增加會計系統的註冊會員數」、媒體的主題是「公司會計實用資訊」，思考文章主題時，應該可以馬上想到「文章主題至少要提供公司會計有用的資訊」。毋須煩惱文章要寫什麼，便可輕鬆找出能達成目的、創造出成果的文章主題。

思考文章主題清單的方法

思考文章的主題清單時，我們要羅列出目標讀者群有興趣的候選主題。只要網羅出大致的主題就沒什麼問題，若覺得有點困難，可以使用欲銷售商品的「顧客旅程」（Customer Journey）來幫助思考（**圖 1-18**）。

這裡只要將「顧客旅程」理解為，用時間序列的方式來分析「顧客是以什麼樣的過程知道、比較、購買，並且使用自家的商品或服務的」。

	課題	探討解決方案	評比	決定
狀況	會計作業是使用 Excel，以人工方式做計算，曾多次發生數字對不起來的問題。	尋找問題的解決方案。瞭解會計系統這項工具。	比較並評估自家公司需要會計系統中的哪些功能，針對想知道的地方進行洽詢。	最終評比，決定購買對象。
煩惱和期望	・想知道解決問題的方法。 ・想找出問題的原因。	・想知道有哪些解決方案。 ・想知道會計系統可以提供什麼服務。 ・想知道導入會計系統的優缺點。	・想知道各家會計系統之間的差異在哪。 ・各家系統大概所需的費用。 ・想知道自家公司最需要會計系統的哪項功能。	・這家系統真的好嗎？ ・想知道其他購買者的使用心得。
內容	・「減少會計作業上計算疏失的方法」。 ・「會計作業常見的三種計算錯誤與對策」。	・「會計系統的主要功能」。 ・「導入會計系統的優缺點」。 ・「比較會計系統和 Excel」。	・「製造業推薦三大會計系統」。 ・「五家會計系統價格比較」。 ・「初次挑選就上手，會計系統的挑選方法」。 ・「會計系統銷售排行榜」。	・「GOH 會計系統導入案例」。 ・「GOH 會計系統的口碑和評價」。

圖 1-18 「顧客旅程」的範例

從「幫助客戶解決煩惱」的角度，來思考顧客旅程的各個階段，可以輕鬆擬定出以下文章主題。

- 會計系統可以提供的服務和效果
- 挑選會計系統的方法
- 導入系統時的注意事項
- 有效運用會計系統的方法

不要虛構從不存在的客戶和煩惱

思考顧客旅程時，一定要找下面的人來聊聊。

- 熟悉客戶的公司內部人員（業務或客服人員）
- 客戶本人

如果行銷人員跟客戶沒有直接往來，用想像的方式製作了顧客旅程，很有可能會以「不存在的客戶」和「非客戶真實煩惱的問題」來編撰文章。因此瞭解客戶或業務第一線的真實狀況相當重要。此外，想掌握第一手資料，建議平時可以跟著業務一起拜訪客戶，或是親自應對客戶。

■「業界趨勢」和「常見問題」也可以作為參考

思考文章主題時，除了「顧客旅程」之外，也可以參考「業界趨勢」和「客戶詢問業務和客服人員的常見問題」（**圖 1-19**）。想掌握業界的趨勢，平時就要定期去看業界其他公司的社群媒體、電子報、參加線上會議等等。

	內容	方法和思考方式
媒體目的	增加公司專用會計系統的註冊數量	跟創立媒體的負責人、主編確認
概略的目標讀者群	公司的會計負責人	思考商品或服務的目標客群，至少要釐清目標讀者是「個人」還是「公司」
媒體主題	公司會計實用資訊	思考既可以達成目的，又有助於媒體目標讀者群的「實用內容」
文章主題清單	• 購買前的挑選方法 • 導入時的注意事項 • 運用時的注意事項 • GOH 會計系統的應用案例	• 顧客旅程 • 業界趨勢 • 常見問題 從上述開始思考

圖 1-19 完成文章主題清單的擬定

參考其他公司的網站時

思考如何增加文章主題時，有些人會參考「商品或服務相似的同業媒體平台，或是領域相近的網站」，但要小心，絕對不可以直接模仿別人的文章。這不僅是道德問題，還可能會被其他公司評為「那家公司很有問題」，影響業界內的評價，甚至失去客戶的信任。參考別人的文章時，記得把重點放在文章的框架，觀察別人文章的切入點、主題、針對何種煩惱的人所撰寫而成的等等。

Column 溝通時身段柔軟的重要性

這裡想要讓各位了解，透過文字溝通時身段柔軟的重要性。請看一下以下兩段文字。

A：你之前提交的文章，在▲▲的地方沒有提到〇〇，沒什麼說服力，請回去再想一下。

B：□□的部分寫得非常好，但有個地方有點可惜，為了更容易說服讀者，▲▲的地方可以麻煩你想一下怎麼把〇〇加進去嗎？

假如自己是被指導的那一方，B 的講法聽起來比較舒服吧。如果被 A 那種嚴厲方式對待，久而久之，應該會讓人覺得「如果有其他好工作，就換去別的地方」。尤其是不缺錢的人，更容易離職或跳槽。想讓願意為自己工作的人「更加努力」，身段柔軟的溝通方式很重要。比方說，有意識地「稱讚哪些地方做得很好」、「不否定」，對方的感受就會截然不同。

我將這種有技巧的表達方式稱為「潤飾蜜粉」。例如，當別人說「□□的部分你寫得很好」，就會覺得「對方是我方而非敵方」，之後收到指正或要求時，比較不會覺得有抵抗感，能欣然接受。使用否定用語，容易讓別人將自己視為敵人，這個時候只要以「改善品質」的角度來表達要求，例如「為了提高說服力」，比較容易讓對方接受自己的意見。

這裡介紹的只是其中一個例子，總而言之「身段柔軟」是非常重要的技能。至少先用「稱讚哪些地方做得很好」、「不否定」的準則試著跟別人溝通看看。

> Chapter 2

不讓主題走偏的「文章企劃」

擬定好媒體平台整體的大方向後，接著就要來決定文章的整體圖像。本章將帶著大家一起仔細思考個別文章「要透過何種主題、針對誰、傳遞什麼樣的內容」。

Section 01

決定文章主題的優先順序

前一章決定好了媒體目的、概略的目標讀者群、媒體主題、文章主題。接著我們要來決定「寫什麼」，我將為各位說明，如何決定主題的優先順序。

決定文章主題優先順序的方法

決定主題優先順序時，使用的是「文章企劃表格」。首先是文章的主題，我們先從★的地方開始設定（**圖 2-1**）。

	內容	方法和思考方式
文章主題	★	★
目標讀者群		
核心訊息		
行動		

圖 2-1　第一步是擬定文章的主題

該怎麼決定文章的優先順序呢？我的建議是，原則上**依據「公司方針、媒體方針」決定文章的優先順序。**此外，遇到必須自己決定，或依據公司或媒體的方針來思考，還是不知道該怎麼決定優先順序時，建議從「容易創造出成果的文章」開始。行銷上「容易創造出成果的文章」，也就是「能促進讀者消費的文章」。讓我們來思考一下怎樣能「促進讀者消費」。

以販售會計系統的公司為例，請看以下的例子。下面哪一位讀者比較可能購買會計系統？

- **閱讀〈如何讓會計作業更有效率〉文章的人。**
- **閱讀〈如何挑選會計系統〉文章的人。**

首先，閱讀〈如何讓會計作業更有效率〉的讀者，是什麼樣的人呢？現階段可知，是對「怎樣可以讓會計作業更有『效率』」有興趣的人。那想看〈如何挑選會計系統〉文章的人呢？則是「想知道該如何『挑選』會計系統」的人。

請想想看，哪種人比較有可能「購買會計系統」？是不是閱讀「如何挑選」文章的人，比較有可能購買呢（**圖 2-2**）？

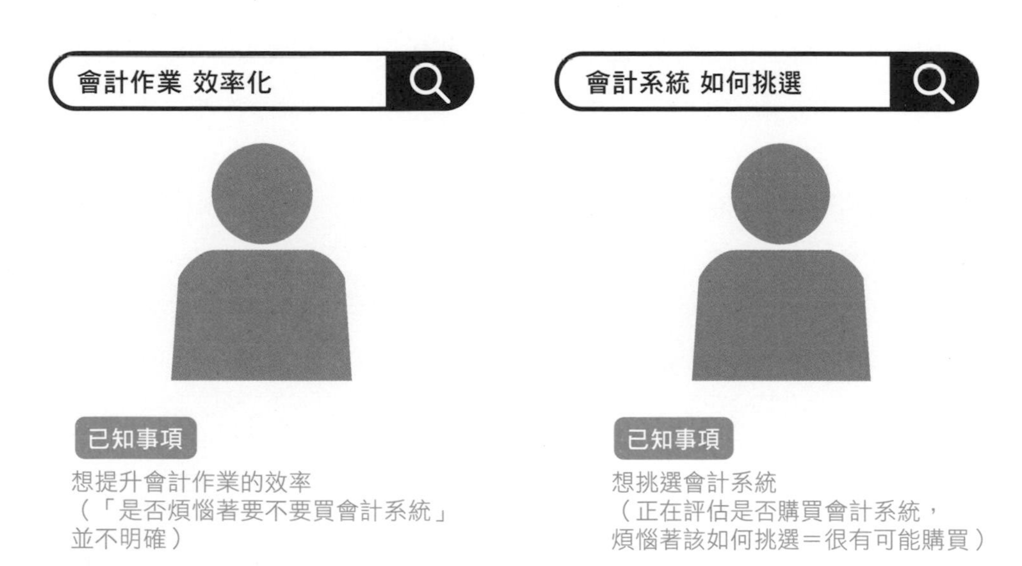

圖 2-2 煩惱不知道該如何挑選商品的人，購賣意願較高

從這類文章主題清單當中，挑選「最能促進讀者購買意願的主題」開始寫起吧。

潛在顧客層和顯著顧客層

這個「很有可能購買的人」，用行銷用語來說就是「顯著顧客層」。「顯著」指的是「明顯看得到」的意思。「顯著顧客層」有很多種定義，這裡只要理解為「很有可能馬上購買商品的人」就可以了。能引起顯著顧客層興趣的主題有：**商品和服務的效果、第三方的評價和經驗談。**

相反的，「還不太可能購買商品的人」稱為「潛在顧客層」。「潛在」指的是「還看不到」的意思，這裡只要把「潛在顧客層」理解為「需求尚不明確，無法得知購買意願為何的人」就可以了。

接著，「潛在顧客層」和「顯著顧客層」，應該要先以誰為目標讀者群呢？這個問題的答案很明確，要以「顯著顧客層」為優先。以 GOH 會計系統為例，以「顯著顧客層」為目標讀者的主題為「GOH 會計系統的導入案例」，以「潛在顧客層」為目標讀者的主題則為「如何提升會計作業效率」（圖 2-3）。

圖 2-3 「GOH 會計系統的導入案例」 vs. 「如何提升會計作業效率」

假設讀者沒聽過 GOH 會計系統，而他閱讀了〈如何讓會計作業更有效率〉的文章。讀者有興趣的是「提升會計作業的效率」，很有可能對會計系統以外的作業效率化，或是 GOH 會計系統以外的會計系統也有興趣對不對？

相反的，閱讀了〈GOH 會計系統的導入案例〉文章的讀者呢？他們不僅對會計作業的系統化有興趣，而且在多個會計系統當中，還想更進一步瞭解 GOH 會計系統的內容。

換句話說，潛在顧客層就是「只是想讓會計作業更有效率，但還不知道要不要讓會計作業系統化」，而顯著顧客層就是「調查導入 GOH 會計系統的優缺點」。後者「非常有可能購買 GOH 會計系統」，這應該不難想像吧。

避免把水倒在破洞的水桶裡

如果媒體平台無法提供「顯著顧客層」，也就是「離購買只差一步的顧客」有興趣的資訊，例如：「商品導入案例」或是「導入效果」等等，讀者可能會因此感到不安，最後縮手不買。很少有讀者會特別花時間洽詢，若準備不夠充分，很有可能就會失去差一點點就願意購買商品的顧客。

花錢下廣告吸引顧客，卻在最後的緊要關頭鬆手讓顧客跑了，這就跟把水倒在破洞的水桶裡沒兩樣（**圖 2-4**）。有些時候，顧客甚至會因為「其他家商品提供的資訊比較完整」，而轉向購買競爭對手的商品。這樣實在是太可惜了，媒體平台一定要確實提供「離購買只差一步的顧客」想要的資訊。

圖 2-4 把水倒在破洞的水桶裡，太浪費了

沒有頭緒時，就從顧客旅程切入思考

思考「什麼樣的主題可以讓顧客願意掏錢」時，請回想一下第 27 頁的顧客旅程。顧客旅程當中的「導入」或「購買」階段，就是最接近銷售的部分。

因此，「想瞭解服務的成本效益分析」、「想瞭解導入實例」等等的主題也可以說是「最接近銷售的主題」。當你思考主題沒有頭緒時，記得參考一下「顧客旅程」（**圖 2-5**）。

	內容	方法和思考方式
文章主題	排列主題清單的優先順序，決定文章主題	參考「顧客旅程」，抓出最接近銷售的主題
目標讀者群		
核心訊息		
行動		

圖 2-5 決定文章的主題

Section 02

思考文章具體的目標讀者群

決定好文章要寫些什麼之後，接下來就要來思考「文章具體的目標讀者群」。我們在媒體設計表格的地方，設定了概略的目標讀者群，但是在撰寫文章的階段，必須思考更具體的目標讀者群。

從概略的目標讀者群，到更具體的目標讀者群

讓我們繼續從文章企劃表格，來思考目標讀者群（圖 2-6）。

	內容	方法和思考方式
文章主題	排列主題清單的優先順序，決定文章主題	參考「顧客旅程」，抓出最接近銷售的主題
目標讀者群	★	★
核心訊息		
行動		

圖 2-6 設定具體的目標讀者群

假如概略的目標讀者群是「企業的會計負責人」，以下類型的讀者，就會是撰寫〈如何挑選會計系統〉時具體的目標讀者群。

- 沒有導入會計系統的經驗，評估今後導入可能性的會計負責人。
- 曾有導入會計系統的經驗，評估更換其他會計系統的會計負責人。

不同的目標讀者群，文章該呈現的內容和表達方式也會有所不同。

假如目標讀者群是「今後預定導入系統，而且沒有經驗」，提供「導入系統究竟會發生什麼變化」的資訊應該很重要；假設「已經有會計系統，正在評估是否要更換系統」，提供「更換系統時注意事項」的資訊就很重要。

設定具體目標讀者群的訣竅

設定具體的目標讀者群時，有兩個重點，一個是從「商品和服務的目標客群」來逆推，另一個則是「明確定義讀者的煩惱」。

■ 從「商品和服務的目標客群」來逆推

如第 21 頁所提到的，在決定行銷推廣文章的目標讀者群時，無論目標讀者群是概略的還是具體的，都不能忘記「他們可能願意購買商品」這個要素（**圖 2-7**）。

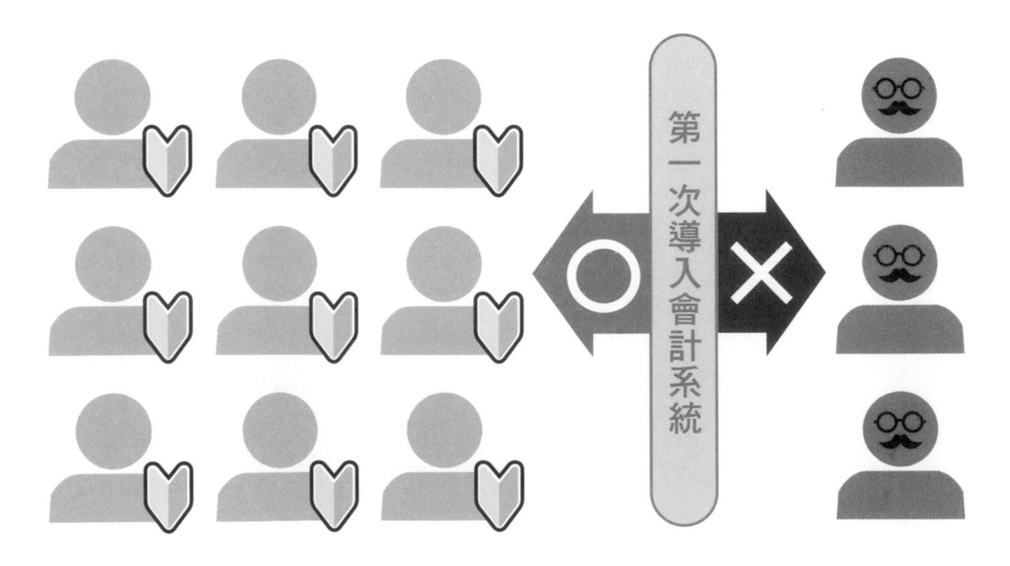

圖 2-7 針對非目標讀者來寫文章一點意義也沒有

■ 明確定義讀者的「煩惱」

另一個思考具體目標讀者群的訣竅則是，要以「目標讀者有著某種煩惱」為前提。假如讀者有煩惱，文章只要針對煩惱提供解決對策就對了，文章寫起來不但輕鬆，也容易做出成果。假如讀者的確有煩惱，卻覺得不是那麼重要，就不會特別花時間去閱讀文章。相反的，假如讀者願意花時間去閱讀文章，尋求解決煩惱的資訊，就代表讀者「為了解決問題，特地找文章來看」，對解決問題的意願非常高。**這類型的讀者，只要能夠提供合適的解決方案和建議行動方針，就很有可能願意掏錢購買商品或服務。**

比方說，製作媒體的目的是，增加「GOH 會計系統」申請試用的數量。那個時候，將目標讀者設定為「公司的會計負責人『想導入會計系統，卻不知道評估時應該要注意哪些地方』」，如果能把這個訊息清楚傳達給讀者會怎樣呢？「導入會計系統時的注意事項就是『評估長期使用的成本』，而長期使用 GOH 會計系統的好處非常多」。如果讀者有興趣，應該很有可能會申請試用吧。相反的，假如讀者是會計負責人，但是並沒有在找會計系統，花費再多力氣去介紹 GOH 會計系統，恐怕也不會申請試用。

將上述寫成公式的話，就會是「想要○○，卻有××煩惱的□□人」。為了讓顧客願意採取行動，就必須設定讀者的煩惱解決後「期望達到何種狀態（想要○○）」。

一定要先調查讀者的煩惱

這裡有個地方要特別注意，那就是「一定要事先調查讀者的煩惱」。就跟思考顧客旅程時常見的問題是一樣的，跟顧客沒有直接往來的行銷人員，用想像的方式定義顧客的煩惱。但**幻想出來的讀者煩惱實際上並不存在，擬定出來的解決對策完全無法抓住讀者的心**，結果就是孕育出「根本沒有人閱讀」、「讀者看了之後一點也不心動」的文章。

調查讀者煩惱的方法，很多地方都跟擬定顧客旅程時所說明的內容重複，但這邊再簡單地介紹一次。

- 向預想的目標讀者群取材
- 向平時會跟預想目標讀者群來往的員工請教
- 閱讀以取材為基礎的文章
- 閱讀商品的評論或使用心得
- 搜尋相關文章
- 閱讀書籍或雜誌

利用上述方法，**盡可能明確定義出目標讀者群的煩惱**（圖 2-8）。想讓目標讀者群的設定更貼近現實，就必須特別注意以下兩點：「向預想的目標讀者群取材」和「向平時會跟預想目標讀者群來往的員工請教」。此外，想掌握第一手資料，建議平時可以跟著業務一起拜訪客戶，或是親自應對客戶。這部分跟擬定顧客旅程時的重點很相似。

	內容	方法和思考方式
文章主題	排列主題清單的優先順序，決定文章主題。	參考「顧客旅程」，抓出最接近銷售的主題。
目標讀者群	想導入會計系統，卻不知道該從何評估的公司會計負責人。	• 以「解決讀者的煩惱」為前提思考較為容易。 • 思考公式為「想〇〇，卻有××煩惱的■■人」。 • 調查讀者的煩惱，避免流於臆測及空想。
核心訊息		
行動		

圖 2-8 目標的設定

Section 03

最想傳達的核心訊息

決定好文章的具體目標讀者群，也就是「有著某種煩惱的特定族群」之後，接著要思考的就是，要針對那樣的讀者傳遞什麼「核心訊息」。這邊將為各位說明「核心訊息」為何，以及該如何擬定核心訊息。

核心訊息就是文章最想傳達的內容

接下來就讓我們來思考文章的核心訊息（**圖 2-9**）。

	內容	方法和思考方式
文章主題	排列主題清單的優先順序，決定文章主題。	參考「顧客旅程」，抓出最接近銷售的主題。
目標讀者群	想導入會計系統，卻不知道該從何評估的公司會計負責人。	• 以「解決讀者的煩惱」為前提思考較為容易。 • 思考公式為「想〇〇，卻有╳╳煩惱的■■人」。 • 調查讀者的煩惱，避免流於臆測及空想。
核心訊息	★	★
行動		

圖 2-9 思考文章的核心訊息

核心訊息的「核心」指的是文章最想傳達的訊息，而且一個文章只能有一個核心訊息。這裡之所以會用「核心」這個字眼，是因為「希望明確定義出一個文章最想傳達的訊息」。因為如果未事先決定好文章的核心訊息（尤其是還不熟悉撰文的階段），很容易寫出「什麼都寫一點，最後不知道結論為何」的文章。

比方說，假如文章的主題設定成「評估是否導入會計系統時的注意事項是『長期投入成本的總金額』，提升會計作業效率的方法則是『雇用合適的會計專才』」，文章有兩個主題——「導入會計系統的注意點」和「找到合適會計專才的招募方法」，並未明確出哪一個才是核心主題，這樣的文章很難促發讀者採取行動。

再者，假如文章的前半部在講會計系統，後半部在談會計專才的內容，對「對會計系統沒興趣，但是對招募會計專才的內容有興趣的人」來說，文章前半部分是不必要的資訊，這樣的讀者可能還沒看到後面有興趣的內容，就看到一半就不看了（**圖 2-10**）。這個問題，只要把「導入會計系統」和「招募會計專才」拆成兩篇文章就可以解決了。

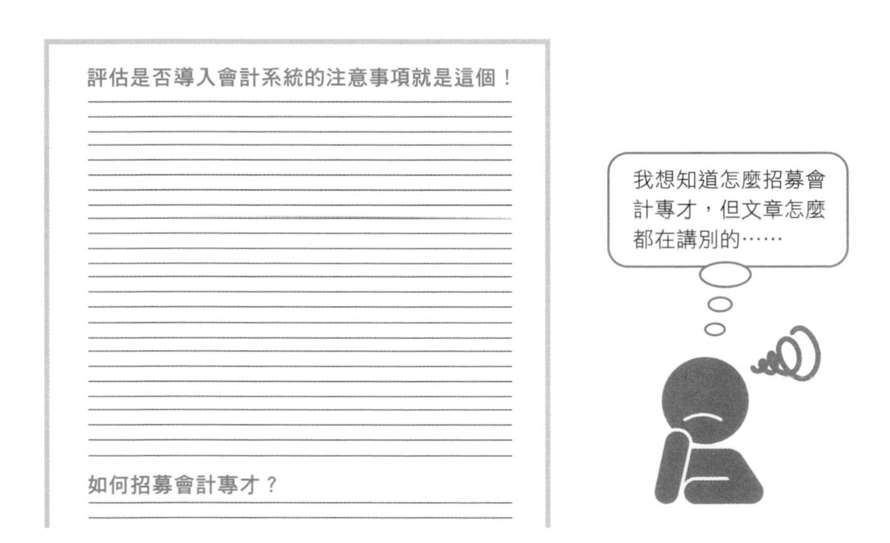

圖 2-10 混雜著兩個以上的主題時，文章不僅冗長，而且容易讓讀者失去興趣

在思考文章核心訊息的階段，出現多個文章想傳達的訊息時，記得要**按照主題拆成多篇文章**。以上述例子來說，就可以拆成「評估導入會計系統的注意事項」和「會計專才的招募方法」。

一個公式，讓你不忘將文章聚焦在一個核心訊息上

想讓文章聚焦在一個核心訊息上，在擬定文章主題時，可以用「這篇文章最想傳達××訊息給○○（文章的具體目標讀者群）」的公式來思考看看。

核心訊息就是「文章最想傳達的訊息」，所以只要讓文章符合公式，就可以避免讓文章出現多個核心訊息。文章有多個核心訊息，當然不是絕對不行。這裡主要是從「初學者也寫得出文章」的角度出發，建議初入門的寫手，撰寫文章時先鎖定一個核心訊息開始寫起（**圖 2-11**）。

如果是考量 SEO 的效果，有時寫文章，也會遇到不得不混雜多個訊息的情況（關於 SEO 的操作方式，將於後面詳述）。

	內容	方法和思考方式
文章主題	排列主題清單的優先順序，決定文章主題。	參考「顧客旅程」，抓出最接近銷售的主題。
目標讀者群	想導入會計系統，卻不知道該從何評估的公司會計負責人。	• 以「解決讀者的煩惱」為前提思考較為容易。 • 思考公式為「想○○，卻有××煩惱的■■人」。 • 調查讀者的煩惱，避免流於臆測及空想。
核心訊息	這篇文章最想傳達給目標讀者群的訊息是「比較會計系統時，一定要評估的要點就是維護費用的總金額」。	「這篇文章最想傳達給目標讀者群的訊息是××」，要想辦法填補公式「××」的部分。
行動		

圖 2-11 擬定核心訊息

核心訊息重視第一手資料

在擬定核心訊息時，「調查」與「訪談」的工作相當重要。剛才提到「要實際調查讀者的煩惱是什麼」，接下來要做的事情就是**「大量蒐集讀者煩惱的相關案例」**。

很多人寫文章時，常常會找我商量「我不知道要寫什麼怎麼辦」，其實有這個煩惱很正常。假如不瞭解讀者實際上「有什麼煩惱」、「透過什麼樣的解決對策」、「達到何種結果」，不知道有哪些實際解決案例，是很難憑空擬定出核心訊息的。如此一來，假如自己與顧客並未實際接觸，工作內不包含協助解決顧客煩惱的話，「向別人請教」就變成絕對必要的工作。

在這個部分，就算自行閱讀書籍或文章，也很難找到完全符合主題的目標讀者群煩惱和解決對策。「先調查看看」當然不是不行，但「顧客煩惱的真實案例」要儘早跟第一線人員請教（**圖 2-12**）。

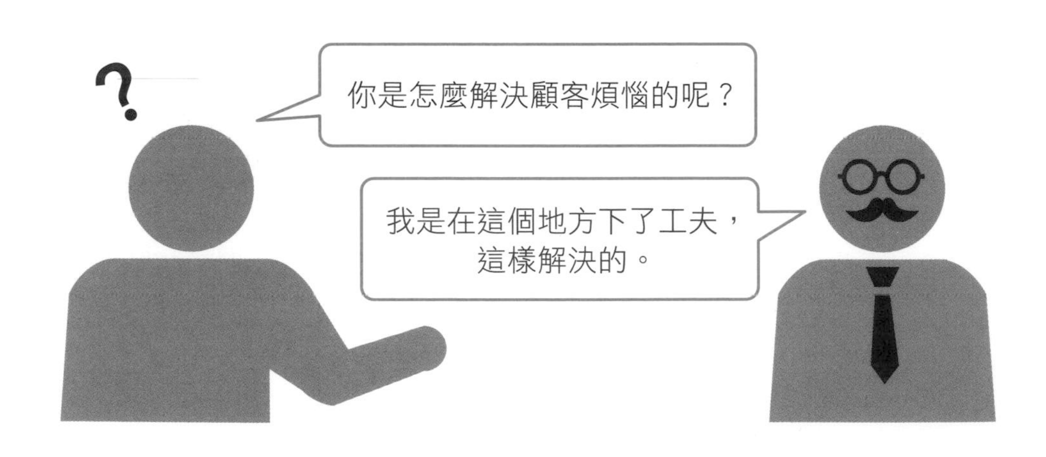

圖 2-12 顧客煩惱的解決案例，要向實際提出解決方案的人請教

假如自己是外包的寫手，找不到人來請教時

假如自己是公司外包的寫手，很難找到第一線的人來請教時，該怎麼辦呢？

即便是外包的寫手，也一定要想辦法請人牽線，找到顧客的業務窗口來請教具體的案例。例如我所經營的公司——株式會社寫手合作社和 douco 株式會社，是以「微取材」的形式，向客戶請教具體的成功案例和失敗案例後，才進行文章的撰寫製作。只要做好取材的工作，就能寫出具體好懂、容易抓住讀者的心的文章，而且參考了業務窗口的意見，容易使文章達到帶來營收的效果。關於「微取材」，將於第七章做進一步詳細的說明。

當客戶自己不太了解商品時

接下來的狀況是，自己是外包的寫手，而客戶或媒體平台的經營者，卻不太了解自家的商品或顧客。這種情況，想辦法直接找有煩惱的潛在顧客取材或是做問卷調查。有時考量稿費，可能不會想花費那麼多的力氣。但如果你「今後想在這個領域深耕」，建議初次接案、有長期耕耘意願的人，可以暫時忽略報酬的高低，多投入點心力在撰稿前的準備工作上。如果能取得第一線最真實的資訊，不僅能讓文章寫起來順手，而且「擁有真實第一手資料的人」是相當珍貴的人才，今後報酬很有可能提高。雖然這只是我個人的經驗，但從長遠的角度來看，初期所做的努力的確能反映到未來的報酬上。

Section 04

確認客戶希望讀者看完文章後採取什麼行動

製作文章企劃時，最後一個要點就是「希望讀者看完文章後採取什麼行動」。這邊將說明為何促使讀者採取行動如此重要，以及讀者可能會採取哪些行動。

若未能促使讀者採取行動，文章也失去意義

希望讀者採取的行動＝（文章的目的），對媒體平台來說是文章最重要的部分（**圖 2-13**）。文章寫得再多，如果沒辦法讓讀者採取行動、達到媒體的目的，從成效面來看，我們甚至可以說文章一點意義也沒有。

	內容	方法和思考方式
文章主題	排列主題清單的優先順序，決定文章主題。	參考「顧客旅程」，抓出最接近銷售的主題。
目標讀者群	想導入會計系統，卻不知道該從何評估的公司會計負責人。	• 以「解決讀者的煩惱」為前提思考較為容易。 • 思考公式為「想〇〇，卻有××煩惱的■■人」。 • 調查讀者的煩惱，避免流於臆測及空想。
核心訊息	這篇文章最想傳達給目標讀者群的訊息是「比較會計系統時，一定要評估的要點就是維護費用的總金額」。	「這篇文章最想傳達給目標讀者群的訊息是××」，要想辦法填補公式「××」的部分。
行動	★	★

圖 2-13　向客戶確認，希望讀者採取什麼行動

雖說如此，大部分的文章都沒有寫到「促使讀者採取行動」的部分（**圖 2-14**）。

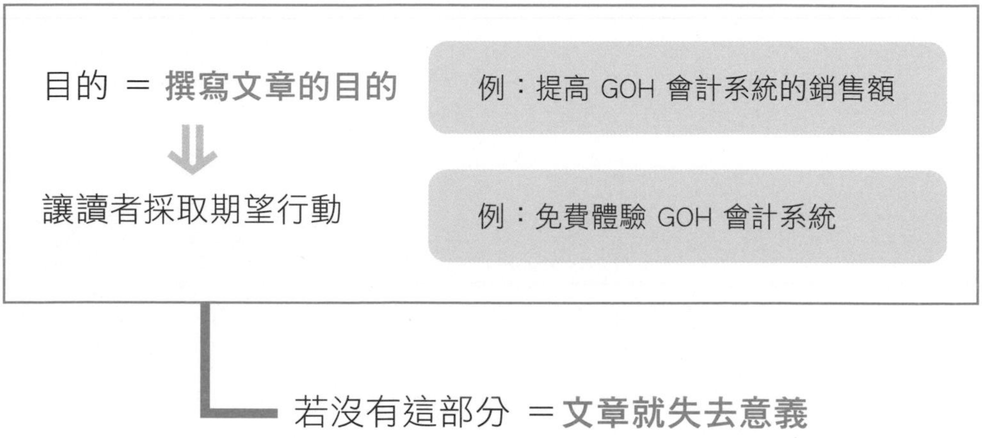

目的 ＝ **撰寫文章的目的** | 例：提高 GOH 會計系統的銷售額
⇓
讓讀者採取期望行動 | 例：免費體驗 GOH 會計系統

若沒有這部分 ＝**文章就失去意義**

圖 2-14 未促使讀者採取行動，文章沒有發揮成效

文章常見的目標類型

文章常見的目標有「申請註冊、聯絡諮詢、申請資料」等等。從「對讀者來說似乎有所幫助」而且「能帶來營收」的角度來思考，該怎麼把文章欲達到的目標放進文章裡。

假如文章是「討論會計系統的價格行情」，文章的目標應該就會是「促使讀者申請包含價格資訊的資料」；假如文章的主題是「會計系統使用心得體驗」，文章的目標就可能會是「免費試用會計系統」。關於「文章最想達到的目標」，依據經營媒體的企業營運方針會有所不同，所以最好事先跟經營媒體的負責人確認清楚（**圖 2-15**）。

	內容	方法和思考方式
文章主題	排列主題清單的優先順序，決定文章主題。	參考「顧客旅程」，抓出最接近銷售的主題。
目標讀者群	想導入會計系統，卻不知道該從何評估的公司會計負責人。	• 以「解決讀者的煩惱」為前提思考較為容易。 • 思考公式為「想〇〇，卻有××煩惱的■■人」。 • 調查讀者的煩惱，避免流於臆測及空想。
核心訊息	這篇文章最想傳達給目標讀者群的訊息是「比較會計系統時，一定要評估的要點就是維護費用的總金額」。	「這篇文章最想傳達給目標讀者群的訊息是××」，要想辦法填補公式「××」的部分。
行動	免費試用 GOH 會計系統。	事先跟經營媒體的負責人確認，「文章目標這樣設定可以嗎？」

圖 2-15 設定文章期望讀者採取何種「行動」

Column 學習如何寫作，讓工作的選擇變得更多

學習如何寫作，不僅對本業有正面影響，也對副業的幫助很大。說到應用寫作技能的副業，大家都會想到「網路寫手」，但不僅止於此，「經營部落格」也是選項之一。

經營部落格，並不是寫「別人媒體的文章」，而是寫「自己媒體（＝部落格）的文章」。跟網路寫手最大的不同就在於，經營部落格可以得到的收入，某種程度上像「股票」，跟每寫完一篇文章，一定就可以獲得收入的網路文章不同。部落格文章寫了很多篇，也未必馬上就有收入，但寫出來的文章，全部都是自己的東西。因此，當文章帶來收益時，很有可能停手不寫文章後，還能持續有收入。

運用本業的知識和經驗（以不違反保密原則為前提）來寫文章，也是部落格的一大特色。把本業的知識經驗放到文章裡，可以讓你的文章具有獨創性，成為「優質的部落格文章」，別人模仿不來。而且透過本業輸入知識，透過寫部落格文章輸出知識，有機會更有效率地將知識內化成自己的東西。

開始經營部落格時，寫作知識的有無，寫出來的文章有天壤之別。漫無目的、總之想到什麼寫什麼的人，跟努力學習如何寫作、具備基礎知識後才開始寫作的人，誰的文章寫起來比較好呢？答案應該一目瞭然吧。

不去想太多，直接開始經營部落格，其實也沒什麼關係，但很多人會因為不知道該怎麼把吸引顧客（SEO 等策略）和推銷等內容寫進文章，而感到很挫敗。因為經營部落格的工作很多，必須租借伺服器來架設部落格、設計部落格的版面、尋找銷售的商品等等，最後根本沒時間顧及文章寫作的品質。

把寫作知識和技巧的基礎打好，再來經營自己的部落格的情況，用遊戲來比喻，就是達到「最強新玩家」的狀態。部落格經營得好的部落客，很多都曾經是網路寫手，累積了許多經驗。請務必應用過去累積的寫作知識，試著經營副業看看。

雖然這裡很想為各位介紹如何開始經營部落格以及營運方法，但可能必須完整說明，有興趣的讀者歡迎參閱《經營部落格，利用「小小槓斜」聯盟行銷》（書名暫譯，翔泳社出版）一書。

專欄作者：海星

> Chapter 3

讓寫作簡單又輕鬆的「文章架構」

實際開始寫文章之前，有個步驟非常重要，那就是建置「文章架構」。因為如果不把文章的地基打好，文章寫到一半，很有可能會發生倒塌。本章將為大家說明，該如何擬定文章架構。

Section 01

文章的撰寫，從思考「文章架構」開始

對不熟悉撰寫文章的人來說，最常犯下的錯誤就是，想都沒想就開始寫文章，那樣做很容易中途挫敗。因此這邊將介紹擬定「文章架構」的方法，希望大家在動筆前，都能做好事前準備。

文章從擬訂架構開始做起

想都沒想就開始寫文章，很容易出現「越寫越不知道自己在寫什麼」、「內容東寫一點西寫一點，寫到最後一發不可收拾」，最後被一堆半成品文章給套牢。這種情況很常見，我自己也曾寫了很多不上不下的文章，而且硬是寫了一堆東西出來，如果內容跟媒體目的無關，便一點意義也沒有。

因此，這裡建議的對策是，寫文章前要先擬定文章的架構（規劃路線）（**圖 3-1**）。

沒有規劃路線時

總之先上山，
但入山之後該怎麼走呢？

沒有規劃路線，容易迷路

事前規劃好路線時

規劃好抵達目的地的路線，
之後只要按照路線走就對了！

可以仰賴規劃好的路線

圖 3-1 擬定好架構（規劃好路線），寫文章時目標明確不迷惑

什麼是文章架構？

文章的架構，就是把讀者帶往文章目的地的「路線」；文章的「架構」又稱為「文章結構」。

按照易懂好讀的順序，排列讀者想知道的訊息，**規劃出達成文章目標最短距離的路線**，當然是最理想的。但是在還不熟悉寫作之前，想一口氣就擬定出理想的文章架構是有困難的。

這個時候可以先使用看看「文章的模板」。文章模板有很多種，其中最常為大家所使用的是「PREP」。

PREP（結論、理由、具體案例、結論）

PREP 指的是，由「Point、Reason、Example、Point」四個要素構成的文章模板（**圖 3-2**）。

P（Point）	結論	最想透過文章傳達的訊息
R（Reason）	理由	引導出結論的理由或根據
E（Example）	具體案例	支持結論和理由的具體案例
P（Point）	結論	最想透過文章傳達的訊息

圖 3-2 結論、理由、具體案例、結論

P（Point）是文章的結論，R（Reason）是結論的理由根據，E（Example）則是具體案例，最後的 P（Point）再次闡述文章開頭的結論。

下面以 PREP 為基礎，試寫了一則範例給各位參考（**圖 3-3**）。

架構	Point （結論）	評估會計系統的費用時，除了系統的初期費用之外，也必須考量「系統維護的費用」。
	Reason （理由）	因為系統維護費用出乎意料的高，如果忽略掉這塊，預算規劃可能會出問題。
	Example （具體案例）	過去曾經有某間公司，因為某系統「初期費用非常低廉」，就馬上決定導入。結果持續使用系統的授權費，以及發生問題時的維修服務費用，都比其他間公司還高，從長遠的角度來看，費用其實並沒有比較低廉。原本應該是以低廉的費用導入系統，最後卻壓迫到預算。
	Point （結論）	因此評估會計系統的費用時，除了系統的初期費用之外，也必須考量「系統維護的費用」。

圖 3-3 利用 PREP 撰寫文章

在文章的一開始就把結論寫出來，並針對結論提出理由和具體案例，讓文章的邏輯既簡單又有說服力。然後在最後，再次闡述結論，讓讀者強烈感受到文章最想傳達的訊息。

Section 02

當文章模板也難以應用時

使用 PREP 文章模板，可以讓文章寫起來輕鬆簡單，但那樣就可以寫出能創造成果的文章嗎？答案是未必如此。為何利用 PREP 也未必能達到期望的成效呢？本章節將介紹 PREP 的優缺點。

PREP 也無法達到期望成效的情況

讓我們回頭再仔細看一下剛才的範例（圖 3-4）。

架構	Point（結論）	評估會計系統的費用時，除了系統的初期費用之外，也必須考量「系統維護的費用」。
	Reason（理由）	因為系統維護費用出乎意料的高，如果忽略掉這塊，預算規劃可能會出問題。
	Example（具體案例）	過去曾經有某間公司，因為某系統「初期費用非常低廉」，就馬上決定導入。結果持續使用系統的授權費，以及發生問題時的維修服務費用，都比其他間公司還高，從長遠的角度來看，費用其實並沒有比較低廉。原本應該是以低廉的費用導入系統，最後卻壓迫到預算。
	Point（結論）	因此評估會計系統的費用時，除了系統的初期費用之外，也必須考量「系統維護的費用」。

圖 3-4 以 PREP 為模板的範例

乍看之下感覺很不錯，但是從以下的角度來看，就能發現缺點。

① 缺乏針對結論的說明

文章並未針對「系統維護費用」做具體的說明，若讀者不熟悉 IT 或系統軟體，很有可能還沒弄懂作者在說什麼，文章就進入解說的部分了。

② 看完文章，還是不知道接下來該怎麼辦

文章並未提到「接下來該怎麼辦」，沒有回答到讀者的疑問。評估會計系統的費用時，必須考量「系統維護的費用」，但就算知道這個重點，讀者還是不知道之後該怎麼做。因此，文章傳達了「必須考量系統維護的費用」這個訊息之後，還必須說明「怎樣才能知道系統維護費用有多少」。

③ 並未達到媒體期望的成效

如第二章提及過的，在撰寫文章之前，必須先決定好「期望讀者採取的行動」。假設在這個例子中，媒體希望讀者閱讀了文章之後，採取「註冊 GOH 會計系統」的行動。但 PREP 不包含促使讀者採取行動的內容，因此難以達成「文章的目標」。

如上所述，單憑 PREP 無法完全解決讀者的煩惱，也難以達成媒體期望的成效。因此，下一個章節將介紹，操作起來更簡單、更容易達成帶來成效的文章模板。

Section 03

只要填空，就能創造出成果的 PiREmPa

PREP 是最知名的文章模板，但光利用 PREP 來撰寫文章，也很難達成期望成效。因此，這裡將介紹我構思而成的文章模板「PiREmPa」，讓 PREP 更好用、更容易帶來成效。

讓 PREP 再進化的「PiREmPa」

在解說 PiREmPa 之前，我們先來整理一下現狀（圖 3-5）。

前提	目標讀者群	公司會計負責人
	核心訊息	評估會計系統的費用時，除了系統的初期費用之外，也必須考量「系統維護的費用」。
	行動	申請註冊 GOH 會計系統
架構	Point（結論）	評估會計系統的費用時，除了系統的初期費用之外，也必須考量「系統維護的費用」。
	Reason（理由）	因為系統維護費用出乎意料的高，如果忽略掉這塊，預算規劃可能會出問題。
	Example（具體案例）	過去曾經有某間公司，因為某系統「初期費用非常低廉」，就馬上決定導入。結果持續使用系統的授權費，以及發生問題時的維修服務費用，都比其他間公司還高，從長遠的角度來看，費用其實並沒有比較低廉。原本應該是以低廉的費用導入系統，最後卻壓迫到預算。
	Point（結論）	因此評估會計系統的費用時，除了系統的初期費用之外，也必須考量「系統維護的費用」。

圖 3-5 文章的前提和架構

這樣審視下來，可以發現 PREP 有以下不足之處（**圖 3-6**）。

針對結論的說明不充分	「系統維護費用」是什麼？
下一步不明確	那接下來該怎麼辦？
無法達成文章的目標	讀者看完文章，並未申請註冊 GOH 會計系統

圖 3-6 確認 PREP 的不足之處

為補足上述 PREP 的不足之處，這裡追加三點：Information（補充資訊）、Method（具體對策）、Action（媒體期待讀者採取的行動）。

■ 藉由 Information（補充資訊），避免讀者看得一頭霧水

在 Information 的部分，針對結論補充說明。比方說，前面的範例提到「系統維護所需費用」，但這樣寫，有些讀者可能有看沒有懂。如果文章沒有進一步說明就進到下一個階段，看不懂內容的讀者很有可能看到一半就不看了。當文章當中使用專業術語、複雜的機制、制度、算式等等「目標讀者可能不熟悉的詞彙」，或是「需要具體說明的詞彙」時，記得要在文章中補充說明。

當然並不是所有東西都要補充說明，覺得沒必要時，省略過去也沒有問題。

■ 透過 Method（具體對策）促使讀者立即行動

在 Method 的部分，要細分知識和應採取的行動，拆解成讀者看完文章，馬上就會採取行動的程度。比方說，當文章中寫道「該怎麼做」時，請試著從「該怎麼做，才能立即並輕鬆採取那個行動」的角度來思考看看。

另外，傳達抽象或中長期應採取的行動時，必須更加小心謹慎。就算是長期的行動，應該也有可以馬上著手的行動，向讀者提示第一步相當重要。比方說，不能只是寫道「想讓文章寫起來輕鬆簡單，必須先找到自己喜歡的文章類型」，必須具體明確提示第一步——「找到喜歡的文章類型後，不實際寫寫

看，不會知道自己『到底喜不喜歡』寫那個類型的文章。所以我的建議是，先不要設限，把各種不同類型的文章都寫過一遍。如果連有哪些類型的文章也不知道的話，可以參考 Amazon 的暢銷排行榜，或是瀏覽書籍類型」。必須經常問自己「這樣寫，讀者看完馬上就能行動嗎？」

■ 透過 Action（媒體期望讀者採取的行動）達成目標

最後是透過 Action，達成文章的目標。撰寫文章時必須不斷思考，怎樣才能滿足讀者，但也絕對不能讓文章偏離了「經營媒體平台最終的目的、文章欲達成的目標」。如果使用媒體設計表格來思考，文章期望達成的目標，應該就會跟媒體欲達成的目的很接近。比方說，假設前文範例的目標是「免費試用 GOH 會計系統」，就一定要想辦法正中讀者的心。

如上所說明的，在 PREP 的最後加上 Information（補充資訊）、 Method（具體對策）、Action（媒體期待讀者採取的行動），就是 PiREmPa 的文章架構（**圖 3-7**）。

Point	結論	最想透過文章傳遞的訊息
information	補充資訊	針對結論補充說明
Reason	理由	引導出結論的理由或根據
Example	具體案例	支持結論和理由的具體案例
method	具體對策	促使讀者採取行動之具體可行的方法
Point	結論	最想透過文章傳遞的訊息
action	行動	媒體期望讀者採取的行動

圖 3-7 PiREmPa 的整體概念

接著讓我們按照 PiREmPa，來思考一下文章的架構（**圖 3-8**）。另外，在這個階段不需要把文章寫到完美，只要填入必要的內容，用條列的方式寫出來就可以了。

前提	目標讀者群	公司會計負責人
	核心訊息	評估會計系統的費用時，除了系統的初期費用之外，也必須考量「系統維護的費用」。
	行動	申請註冊 GOH 會計系統

架構	Point （結論）	• 評估會計系統的費用時，除了系統的初期費用之外，也必須考量「系統維護的費用」。
	information （補充資訊）	• 「系統維護費用」指的是，為了讓系統穩定運作，必須支出的所有費用。 • 比方說，系統的授權費以及發生問題時的維修服務費用等等。
	Reason （理由）	• 因為系統維護費用出乎意料的高，如果忽略掉這塊，預算規劃可能會出問題。
	Example （具體案例）	• 過去曾經有某間公司，因為某系統「初期費用非常低廉」，就馬上決定導入。 • 結果持續使用系統的授權費，以及發生問題時的維修服務費用，都比其他間公司還高，從長遠的角度來看，費用其實並沒有比較低廉。
	method （具體對策）	• 直接跟系統公司的業務窗口，確認系統維護費用是多少。
	Point （結論）	• 因此評估會計系統的費用時，除了系統的初期費用之外，也必須考量「系統維護的費用」。
	action （行動）	• 購買 GOH 會計系統的金額，已包含系統維護費用。總支出費用可控制在一定金額以下，還可以享有各種維護服務，非常推薦。

圖 3-8 依據 PiREmPa 來思考文章架構

像這樣參考 **PiREmPa** 來思考文章架構，不僅能抓住讀者的心，也讓讀者可以有所行動，而且能建構出能達成文章期望目標的架構。熟悉了之後，操作起來其實很簡單，歡迎多加利用 **PiREmPa**。

應用填空表格

為了讓 PiREmPa 操作起來更加簡單，這裡將 PiREmPa 的概念做成一張填空表格（圖 3-9）。只要把表格填完，就可以擬定出文章的架構，歡迎試試看。

P	Point	結論	• 這篇文章最想傳達的是…… • 結論……
i	Information	補充資訊	• 順帶一提…… • 這裡補充說明一下…… • ……指的是……
R	Reason	理由	• 因為…… • 理由是……
E	Example	具體案例	• 比方說…… • 實際上…… • 舉個實際案例來說……
m	Method	具體對策	• 首先第一步該做的是……
P	Point	結論	• 這篇文章最想傳達的是…… • 結論……
a	Action	行動	• （對……的你來說）建議……這樣做。 • 感到煩惱時，建議……這樣做。

圖 3-9 PiREmPa 填空表格

把所有的空格都填完後，確認一下「內容有無邏輯」。如果只是拼命想辦法把眼前的表格給填滿，整體內容卻不連貫，就算使用文章模板，也說服不了讀者。所以文章寫完後，別忘了要從頭到尾看過一遍，或是請別人幫忙看，確認文章是否符合 PiREmPa 的架構。

Section 04

微調以 PiREmPa 為基礎的文章架構

透過 PiREmPa 製作好文章的架構後，最後要來幫文章下標題，微調文章的架構。

文章一定要有標題

按照 PiREmPa 一步一步把空格填滿，文章架構差不多就完成了。但如果文章只是按照 PiREmPa 架構去寫，文章讀起來會讓人喘不過氣、不太通順。所以要幫文章的各個段落下「標題」（**圖 3-10**）。

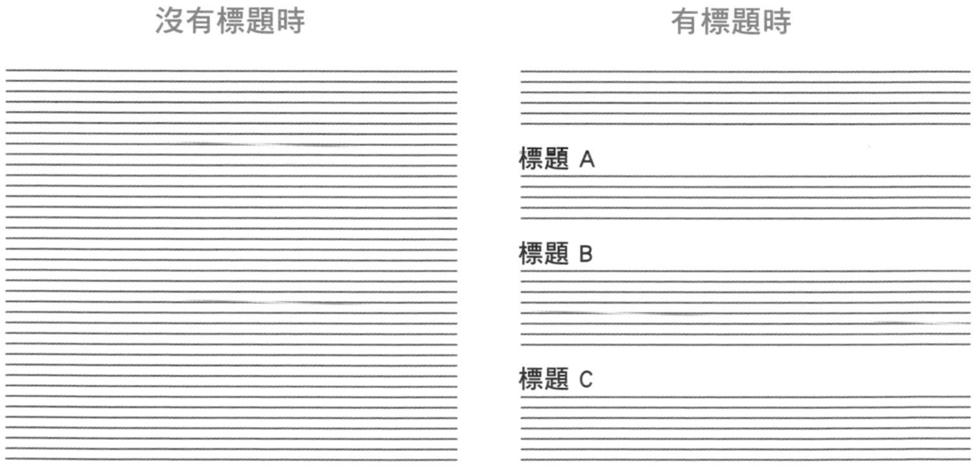

沒有標題時

有標題時

標題 A

標題 B

標題 C

圖 3-10 標題有無，對文章好讀與否的影響甚大

標題就是「把想表達的內容濃縮成一個重點」，概念很接近「書的目次」。比如文章講的是「推薦公司會計使用 GOH 會計系統的三個理由」，標題就會是「推薦會計使用 GOH 會計系統的三大理由」。

就像這樣，**幫文章各段落下標題，不但能幫助讀者理解文章內容，而且看起來也比較有條理，讓文章讀起來有節奏感。**此外，如果讀者想用重點掃描的方式，找出想知道的資訊，可以透過標題，馬上找到想看的資訊。

文章結構由三大部分所組成

在擬定標題之前，作為文章撰寫的基礎知識，讓我們先來瞭解一下「文章是以什麼樣的結構所組成的」，文章大致上可以分為「引導文、本文、總結」三大部分（**圖 3-11**）。

圖 3-11 文章由「引導文、本文、總結」三大部分所組成

引導文是文章的導入，是將讀者引導至文章當中的部分。因此，讓讀者覺得「閱讀這篇文章能獲得些好處」很重要（引導文本身大多不需要標題）。

本文是文章的主體，這個部分將按順序回覆讀者的煩惱，或提供讀者期望得到的資訊。

總結是文章的結尾，是彙整文章重點的部分。此外，會把文章讀到最後的讀者，大多對這塊主題有高度的興趣，因此要在最後再次促發讀者採取行動，比方說購買商品或申請註冊等等，詳細將於第五章說明。

瞭解了引導文、本文、結論的功能之後，讓我們來看看 PiREmPa 的各個要素，在文章中大多是怎麼配置的（**圖 3-12**）。

文章的結構（PiREmPa）		配置部分
Point	結論	引導文
information	補充資訊	本文
Reason	理由	
Example	具體案例	
method	具體對策	
Point	結論	結論
action	行動	

圖 3-12 PiREmPa 各個要素的配置

首先，文章導入的部分「引導文」，大多會放文章的「P（結論）」。換句話說，文章的開頭就會說明結論，提出讀者煩惱的解決對策、提供讀者想知道的資訊等等。

有些人可能會擔心「在引導文就把結論寫出來，讀者會不會只看結論，後面就不看了？」但其實正好相反。在文章的開頭先說結論，讀者反而會想知道其背後的理由和具體案例，更容易往下繼續閱讀文章。

而且，如果文章的開頭不先寫出結論，讀者就會一直找不到答案，最後失去耐心，看到一半就不看了。當然也有能巧妙地隱藏結論，吸引讀者繼續閱讀的方法，但這個難度太高，在熟稔寫作之前不建議那樣做。因此，最好的做法就是，**在文章的一開頭，就把讀者想知道的事情寫出來，積極地暴雷。**

文章的主要部分也就是「本文」，則放入「i（補充資訊）、R（理由）、E（具體案例）、m（具體對策）」四個要素。針對文章開頭提出的結論做補充，「為什麼那樣說？依據是什麼？有具體案例嗎？所以到底該怎麼做才好？」依序回答讀者的疑問。另外，當「i（補充資訊）」的內容極為簡短，短到根本沒辦法下標題時，把「i（補充資訊）」放到引導文當中而非本文也沒關係。

最後要把「P（結論）、a（行動）」放到文章的總結裡，再次闡述文章最想傳達的訊息，促進讀者的理解，並促發讀者採取文章期望的行動。

PiREmPa 的各個要素，基本上就如上述方式配置於引導文、本文、總結當中。接下來，我將具體說明該如何幫文章下標題。

標題要下在「本文」和「總結」裡

引導文、本文、總結的「標題數量」大多如下安排（**圖 3-13**）。

文章結構	標題數量
引導文	無須標題
本文	數個
總結	一個

圖 3-13 文章各架構的標題數量

本文會針對談論的「理由」和「具體對策」等等內容更好懂，而放入多個標題以作區分。

為了讓讀者瞭解「文章到這邊是本文，接下來將進入總結的部分」，所以要在總結的地方放入一個標題。

另一方面，引導文就在文章標題的下方，因此不下標題，也能清楚知道這個部分是引導文。而且，引導文的後面會放入「文章目次」和「文章標題」，使引導文和本文的分界明確清晰。因此，引導文不放標題基本上沒有太大的問題。

前面說明的內容彙整如下（**圖 3-14**）。

文章的結構（PiREmPa）		配置部分	標題數量
Point	結論	引導文	無須標題
information	補充資訊	本文	數個
Reason	理由		
Example	具體案例		
method	具體對策		
Point	結論	結論	一個
action	行動		

圖 3-14 PiREmPa 和標題數量

以 PiREmPa 為基礎下標題

接著讓我們利用具體例子，來看看文章該如何下標題。

舉例來說，假設文章的架構（PiREmPa）如下（**圖 3-15**）。

Point （結論）	• 評估會計系統的費用時，除了系統的初期費用之外，也必須考量「系統維護的費用」。
information （補充資訊）	• 「系統維護費用」指的是，為了讓系統穩定運作，必須支出的所有費用。 • 比方說，系統的授權費以及發生問題時的維修服務費用等等。
Reason （理由）	• 因為系統維護費用出乎意料的高，如果忽略掉這塊，預算規劃可能會出問題。
Example （具體案例）	• 過去曾經有某間公司，因為某系統「初期費用非常低廉」，就馬上決定導入。 • 結果持續使用系統的授權費，以及發生問題時的維修服務費用，都比其他間公司還高，從長遠的角度來看，費用其實並沒有比較低廉。
method （具體對策）	• 直接跟系統公司的業務窗口，確認系統維護費用是多少。
Point （結論）	• 因此評估會計系統的費用時，除了系統的初期費用之外，也必須考量「系統維護的費用」。
action （行動）	• 購買 GOH 會計系統的金額，已包含系統維護費用。總支出費用可控制在一定金額以下，還可以享有各種維護服務，非常推薦。

圖 3-15 依據 PiREmPa 規劃而成的文章架構

把 PiREmPa 的各個要素配置到文章當中，並加上標題後，就會如下圖所示（**圖 3-16**）。

引導文（標題：無）	
Point （結論）	• 評估會計系統的費用時，除了系統的初期費用之外，也必須考量「系統維護的費用」。
本文（標題：數個）	
information （補充資訊）	**<h2> 什麼是「系統維護所需的費用」？ </h2>** • 「系統維護費用」指的是，為了讓系統穩定運作，必須支出的所有費用。 • 比方說，系統的授權費以及發生問題時的維修服務費用等等。
Reason （理由）	**<h2> 評估導入會計系統時，必須考量「系統維護費用」的理由 </h2>** • 因為系統維護費用出乎意料的高，如果忽略掉這塊，預算規劃可能會出問題。
Example （具體案例）	• 過去曾經有某間公司，因為某系統「初期費用非常低廉」，就馬上決定導入。 • 結果持續使用系統的授權費，以及發生問題時的維修服務費用，都比其他間公司還高，從長遠的角度來看，費用其實並沒有比較低廉。
method （具體對策）	**<h2> 評估導入會計系統時，確認「維修服務費用」的方法 </h2>** • 直接跟系統公司的業務窗口，確認系統維護費用。
總結（標題：一個）	
Point （結論）	**<h2> 總結：評估導入會計系統時，也要考量「維修服務費用」 </h2>** • 因此評估會計系統的費用時，除了系統的初期費用之外，也必須考量「系統維護的費用」。
action （行動）	• 購買 GOH 會計系統的金額，已包含系統維護費用。總支出費用可控制在一定金額以下，還可以享有各種維護服務，非常推薦。

圖 3-16 按照 PiREmPa 下標題

文章的結構越來越完整了！在本文當中，「標題要放在哪裡？」、「文章哪裡應該要劃分一下段落？」這些問題會依據狀況、作者的偏好而有所不同，沒有固定的方法。但就我個人的經驗來說，如前面例子所示，在「i（補充資訊）、R（理由）、m（具體對策）」的地方加上標題，寫起來比較順。

另外，文章不需要針對結論做補充說明時，可以刪掉「i（補充資訊）」的標題，「E（具體案例）」的內容較多時，就增加新的標題，依據實際內容和文章長度，適度地調整標題。

文章只要按照設計好的架構去寫就行了，關於引導文、本文和總結的具體撰寫方法，請參考第四章和第五章實際動手寫寫看。

標題和 h 標籤

大部分的媒體都使用「h 標籤」這個語法來顯示標題。「h 標籤」有 h1 到 h6 共六種，就我的經驗，文章實際上大多用到 h3，最多也只用到 h4。

就現行狀況來說，h1 標籤大多用來標示文章標題，所以撰稿人從 h2 標籤開始擬定標題也沒問題。h 標籤的功能，以書的目次舉例來說，h2 是「章」，h3 是「節」，h4 是「項」。h3（節）的標題要放在 h2（章）的底下，h4（項）的標題要放在 h3（節）的底下，要小心不要弄混標籤之間的隸屬關係。

以下以「離過婚、最近想讓自己變得更有魅力的大叔」為目標讀者，主題在於建議讀者開始鍛鍊身體為例，示範如何為文章擬定標題架構（圖 3-17）。

```
<h1>【針對離過婚的人】大叔想受歡迎，就從鍛鍊身體開始 </h1>

  <h2> 離過婚的大叔想受歡迎，就要從鍛鍊身體開始的三個理由 </h2>
    <h3>1. 讓身體變得結實 </h3>
    <h3>2. 讓自己更有自信 </h3>
    <h3>3. 提升工作效率 </h3>

  <h2> 推薦離過婚想受歡迎的大叔五種健身法 </h2>
    <h3>1. 三種鍛鍊上半身的健身法 </h3>
      <h4>a. 腹肌 X</h4>
      <h4>b. 腹肌 Y</h4>
      <h4>c. 腹肌 Z</h4>
    <h3>2. 兩種鍛鍊下半身的健身法 </h3>
      <h4>a. 深蹲 X</h4>
      <h4>b. 深蹲 Y</h4>

  <h2> 總結：離過婚的大叔想受歡迎，就從鍛鍊身體開始 </h2>
```

圖 3-17 使用 h3 和 h4 的標題結構範例

文章會需要標籤 h5 和 h6，大多是讀者意象模糊、文章主題過廣的時候。如果文章無法引起讀者的興趣，讀者就會看到一半捨棄不看。因此，必須明確化目標讀者群（包含讀者意象）、核心訊息、期望讀者採取的行動，試著重新思考，什麼樣的內容比較能打動「目標讀者群」。如果因 SEO 需要標籤 h5 和 h6 則另當別論，但這部分有點麻煩，關於 SEO 將於第七章說明。

Section 05

下標的四大要點

擬定標題時要注意的地方非常多，以下我整理出幾個最基本必須注意的重點。「為了引發讀者的興趣，我想在文章中鋪梗」，這是熟悉寫作後的程度了，在此之前應先學會擬定標題時要注意的重點。

1.「標題」和「標題所指的文章內容」要有一致性

「標題」和「標題所指的文章內容」必須要有一致性。標題寫的是 A，文章內容寫的不是 A 而是 B，會讓讀者感到混亂。聽起來很理所當然，但實際上有不少文章的標題和內文不一致。

比方說，標題是設定為「五個好處」，但實際動手開始寫文章後，發現其實有六個好處。於是，將內文修改成六個好處，卻忘記更改舊標題，原封不動把錯誤的標題「五個好處」的文章發了出去，這樣的錯誤很常見。

為避免出現這類標題和內文不一致的錯誤，不僅是擬定標題的時候，中途更改內容時，也要確認「標題和文章內文是否一致」。

2. 確保標題能讓人了解內容

標題要怎麼下，依據媒體的方針和個人偏好而異。但基本上，標題要讓人「一看就大概知道內文在講什麼」。因為如果標題一看，讀者就可以理解文章想表達什麼，便能引發讀者的興趣「這是在講什麼？」、「想知道更多」，對文章感到好奇。

比方說，推薦五種健身法，給離過婚、想受歡迎的大叔時，標題就要這樣下「<h2> 推薦給離過婚、想受歡迎的大叔五種健身法 </h2>」。

與其把資訊隱藏起來，不如在標題就直接把結論寫出來，直接破梗，例如「減肥的訣竅就是每天做〇〇」改成「減肥的訣竅就是每天量體重」。

網路文章讀者大多會隨意地瀏覽過去，期望「儘快得到想要的資訊」。如果資訊釋出速度很慢，可能會讓讀者很有壓力。當然也有寫作技巧，能巧妙地隱藏資訊、吸引讀者繼續閱讀下去，但是在熟悉寫作之前，建議還是要讓「標題一看，就大概知道內文在講什麼」。

3. 標題字數越少越好

標題的字數越少越好，能刪就刪。比方說，把原標題「為什麼離過婚、想受歡迎的大叔應該健身？推薦理由大公開（26 字）」，刪減成「建議離過婚、想受歡迎的大叔健身的理由（18 文字）」，意思沒變但更精簡。

標題字數精簡，能幫助求快的讀者快速理解內容。而且，如果標題讓人「想知道更多」，讀者就會進一步閱讀內文。就我個人的經驗，一看就能馬上理解的標題字數，大概要限制在 20 到 30 個字以內。標題要「一看就大概知道內容在講什麼」，但要小心不要讓標題的字數過多，請務必確認標題是否過於冗長。精簡標題的方法，例如有「出現多個同義詞彙時，刪掉或統整成一個」、「用其他更短的同義詞取代」、「盡可能刪掉語助詞」等等。

4. 總結的標題要放上文章的「核心摘要」

總結的標題，不只要幫文章做「總結」，也要包含「文章的核心摘要（想表達的結論）」。

- <h2> 總結：評估導入會計系統時，也要考量「系統維護的費用」 </h2>
- <h2> 總結：離過婚的大叔想受歡迎，就要鍛鍊身體 </h2>

在標題的開頭寫上「總結」二字，可以幫助讀者理解，文章接下來要進入總結。

而且，在「總結＋文章摘要」的下標模式，不僅可以一看標題就知道內容在講什麼，也能幫助讀者回想起結論的內容。雖然依據媒體的方針，有時標題只會寫「總結」，但是從文章易讀性的角度來看，還是建議總結的標題中一併放上「文章的摘要」。

Section 06

自問自答
讓文章變得更好

截至目前的說明，「製作出 70 分左右的文章架構」就非常足夠了，但接下來讓我們試著「自問自答」，讓文章變得更好。

這樣寫，對讀者來說夠嗎？

首先，要先問自己「這樣寫對讀者來說夠嗎？」以會計系統來說，評估時應注意的地方，不只有系統維護費用而已，比方說「操作性、穩定性、可靠性」等等面向應該也要納入討論。文章如果沒有提到那些面向，讀者可能不會感到滿足。另一方面，「這樣寫對讀者來說夠嗎？」這個問題可以說是沒有明確的界線，很有可能永遠無法窮盡。這個時候，**只要判斷「這樣的內容，自己應該會感到滿足」，這樣的文章就有 70 分**，已經是及格的了。因此，讓自己感到滿足是第一步。

這樣寫，能讓讀者馬上採取行動嗎？

接著要問自己「這樣寫能讓讀者馬上採取行動嗎？」文章架構中 PiREmPa 的「m」提出了具體對策，但讀者看了之後「能馬上模仿嗎？」文章寫完後，要重新再審視一次。

寫文章時，自己覺得「讀者應該有辦法模仿」，然而目標讀者看了文章之後，發現「文章中提供的對策很難模仿」的情況其實很多。因此，要不斷問自己「這樣寫能讓讀者馬上採取行動嗎？」直到可以很有自信地說「至少自己能馬上模仿」為止（**圖 3-18**）。如果可以的話，文章寫完之後請別人幫忙看看，「文中提案的方法真的模仿得來嗎？」不斷提問讓文章變得更好。

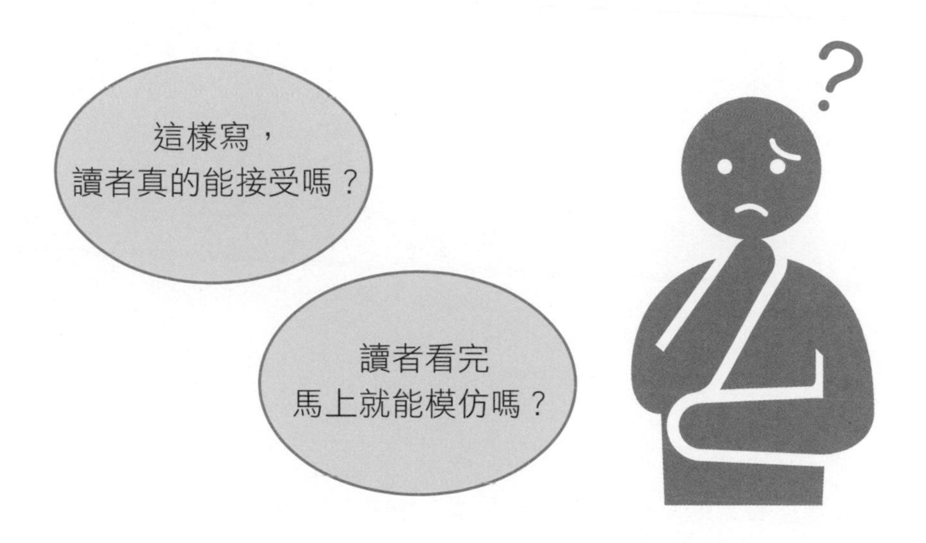

圖 3-18 不斷自問「文章架構能不能變得更好」

Column　副業經驗談 01：開始寫文章經營副業

接下來的專欄，將介紹作者從經營副業開始寫文章，到獨立創業、開公司的心路歷程。

在求職活動的過程中，還是學生的我認為「就我目前的經驗和知識，根本沒有辦法選擇對自己來說最棒的工作型態，所以三十歲之前要體驗大企業、海外工作、新創公司，三十歲後再去做最適合自己的工作」。雖然在那之後我的確體驗了「大企業、海外工作、新創公司」，但還是不敢自己跳出來創業，所以開始當「網路寫手」經營副業。

選擇當「網路寫手」的理由在於，進入門檻非常低。不需要購買高額的工具，只要在某個領域有足夠的知識，馬上就能開始寫文章。而且我使用的是名叫「群眾外包」（crowdsourcing）的平台，除了每個案件的手續費之外，完全沒有其他支出。

但是要持續做網路寫手，不是件簡單的事。首先，花費四個小時才完成的文章，報酬只有少少的八百日圓。我每天早上在家裡做好文章的架構，通勤時，走在沒有人的鄉間道路上，邊走邊用語音輸入寫內文，然後到公司上班。午休就到公司附近的共同工作空間，把早上寫好的文章寄出去交稿。下班回家時則反過來，晚上在沒有人的車站月台上製作文章架構，回家路上邊走邊用語音輸入寫本文。生活非常地忙碌，但正因為副業選擇「網路寫手」，才有辦法這樣持續做下去。

首先，網路文章持續委託的案件很多，所以案源穩定。而且在一開始時，我就接到自己非常喜歡的主題──手工皮革，在事前調查和文章撰寫上並沒有花費大太的功夫，非常幸運。我一直認為「副業要為本業加分」，所以對我來說，槓斜網路寫手是寫作修行之旅，非常適合我。文章寫完馬上就能拿到報酬，文章主題也寫得很開心，而且寫作技巧提升了之後，還能應用到本業上。各種因緣際會，讓我得以持續當網路寫手。

> Chapter 4

「引導文」決定文章的成效

說引導文是文章最重要的部分一點也不為過。因為讀者看了引導文之後，會快速判斷「是否要繼續閱讀這篇文章」。本章將一步一步為各位介紹，如何撰寫引導文。

Section 01

引導文指的是，文章標題或目次前的開頭文

首先，讓我們來看看什麼是引導文，為什麼引導文很重要。如果認為引導文「只不過是文章的導入」而偷工減料，很有可能讓文章偏離成功的道路，要多小心。

引導文決定讀者是否繼續往下閱讀本文

引導文指的是文章開頭部分的內容。有些人會把文章開頭的第一兩行定義為「引導文」，但本書「引導文」的定義則是，文章開頭到文章的目次前，或第一個標題前的內容。用圖來示意的話，如以下部分（**圖 4-1**）。

圖 4-1 引導文是文章開頭引導的部分

引導文會影響讀者是否繼續往下閱讀文章，占了非常重要的地位。

究竟為何引導文這麼重要？

引導文之所以重要，就在於**讀者會閱讀文章的開頭，決定是否要繼續往下看本文。**行銷類的文章，本來就有別於小說，不是以閱讀為目的，而是以獲得有用的資訊為目的。所以只要文章讓人有一點點「很難閱讀」的感覺，讀者就會馬上捨棄不看。

因此，思考如何寫引導文時，有兩個地方要特別注意。

- 想辦法讓讀者繼續閱讀下去。
- 就算讀者不繼續往下看，也要達成文章的目的。

想做到上述，以下兩點就很重要。

- 讓讀者在閱讀引導文的階段，就覺得「閱讀這篇文章感覺能獲得好處」。
- 閱讀引導文，在捨棄不繼續往下看之前，讓讀者採取文章期望的行動。

下一個章節將具體解說如何撰寫引導文。

Section 02

撰寫引導文的要點

撰寫引導文時可以使用的技巧很多，例如「引發讀者的共鳴」或「煽動人心」等等，但很難一次把所有的技巧都用上。因此，這邊要介紹給各位的是，撰寫引導文時最基本必須留意的要點。

引導文的寫法

我們先把引導文拆成四個部分，再針對各部分做介紹（**圖 4-2**）。

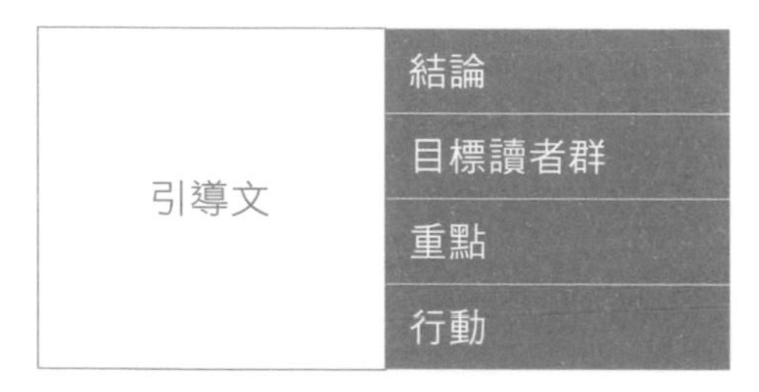

圖 4-2 引導文的四個部分

■ 先說「結論」，明確解答讀者的疑問

引導文的開頭，也要**用一到兩行說明文章的結論為何**。有人可能會擔心「馬上把答案說出來，讀者會不會看到一半就不看了？」基本上先說結論沒有問題，因為讀者想知道的不是只有文章開頭幾行的答案，也會對解答的推論過程、具體案例等等資訊感到好奇。

舉例來說，假如某篇文章寫道「評估會計系統時，也要把系統維護費用考量進去」，你會怎麼想呢？是不是想知道以下幾點？

- 為什麼系統維護費用很重要？
- 系統維護費用具體來說有哪些？

當然也有寫作技巧能夠不斷鋪梗，讓讀者一直往下看，才看到結論。「得不到想要的答案，搞不清楚到底怎麼回事，但是先繼續往下看好了」，要引導讀者這樣想非常困難。所以站在讀者的立場，就貼心一點，先把結論寫出來吧。

為了避免忘記先從結論開始寫，建議在開頭就先寫上「從結論來看……」。

■ 讓「目標讀者群」清楚瞭解文章是針對自己

假如文章的目標讀者群「初次採購會計系統，卻不知道該如何評估」，就可以在文章開頭直接寫道「專為初次導入會計系統的人而寫」。

■ 彙整「重點」，讓人覺得閱讀這篇文章能得到好處

擬定出明確的結論和目標讀者群後，接著是簡單帶過「本文概要」。只要做到概略摘要目次內容的程度即可。

■ 透過「行動」，促使讀者採取媒體期望的行動

只要寫到閱讀文章可以為讀者帶來什麼好處，這樣的引導文就已經達到及格點了。想徹底預防讀者引導文看到一半就不看很難，所以要抱持著「至少讀者沒繼續往下閱讀本文，也要想辦法達成媒體期望的目標」的想法。因此，透過引導文促使讀者採取「媒體期望的行動」很重要。

前面的重點整理後如下表所示（**圖 4-3**）。

結論	先直接講結論。
目標讀者群	對讀者明確表達「這篇文章是為你而寫」，寫清楚目標讀者群是誰。
重點	摘要文章的重點，幫助讀者掌握這篇文章的概要。
行動	促使讀者採取媒體期望的行動。

圖 4-3 引導文的內容

如果用文章來呈現引導文，可以如下表示（**圖 4-4**）。

結論	從結論來說，評估會計系統時，掌握要花費多少「系統維護費用」很重要。
目標讀者群	這篇文章是專為初次導入會計系統的人而寫。
重點	系統維護費用是什麼？為何重要？文章將具體說明如何確認系統維護費用。
行動	除了費用之外，系統的操作性也很重要。系統好不好操作，沒試用過不知道，因此我們提供了期間限定的免費試用活動。 先免費試用看看

圖 4-4 實際把引導文寫成文章

添加權威性，讓文章變得更有吸引力

此外，如果想讓引導文變得更吸引人，建議為文章增添點「權威性」。「權威性」也可以說是「可信度」。比方說，假如文章談的是關於營養的主題，文章的作者是「喜歡打柏青哥、離過婚的中年大叔」，還是「營養管理師」，對讀者來說是否值得信賴、給人的印象應該完全不同吧（**圖 4-5**）。

圖 4-5 權威性會影響讀者對文章的信任程度

因此，假如撰寫文章的自己，或是調查的對象和內容具權威性的話，就要在文章中寫出來。

另外，寫文章的人如果不是專家或研究者，文章是不是就「不具權威性」了呢？未必如此。只要對讀者來說，文章「感覺可以相信」、「看起來值得信賴」，就有足夠的權威性了。

比方說，說明「用 A 證券做投資的新手教學」文章，作者不需要是 A 證券或金融投資的專家，只要能夠清楚說明，如何透過 A 證券做投資就可以了。

所以，只要自己有「用 A 證券做投資的經驗，知道如何操作」，就具有足夠的權威性。

Column　副業經驗談 02：爭取案件

開始經營網路寫手時，我第一個遇到的障礙就是，「害怕以專業寫手的身分收取報酬」。

所以最初我都是在群眾外包平台上接「Task 案件」，案子簡單但報酬相對較低（平均金額約數十日圓到幾百日圓），當然賺不到多少錢。

所以我就在思考，要想辦法爭取「Project 案件」。這類案件必須積極自我推銷來爭取，相對報酬較高。但我完全拿不到這類案子，應徵上的機率很低，應徵二十件有拿到一件就算很好了。當時的我幾乎沒有任何網路寫作的知識。所以我就在想，如果我是招募業主的話會怎麼想呢？但是我想了老半天也還是想不透。

後來我就想說，既然如此我就去當業主，花錢徵人來寫文章，這樣應該可以瞭解業主的想法。

實際比較了十幾篇應徵文之後，我發現有「實績」的人，比較讓人願意委託案件給他。也就是說，「沒有經驗」加上「沒有實績」，才是拿不到案子真正的主因。雖說如此，但我也拿不出可以作為實績的文章，來為自己行銷（工作上幾乎沒有機會可以累積經驗）。所以我就用 WordPress 這類工具，非常外行地製作了一個很陽春的媒體，發表自己寫的文章。媒體是由自己想接案的文章類型所組成，因此可以做為自我行銷的素材。

經營自己的媒體，不僅讓我爭取到許多案件，也可以依據我實際所寫的文章，對發案的業主表示：「我的文章大概就是這樣的程度，您覺得滿意的話歡迎發案」。

> Chapter 5

「本文和總結」的重點在於說服讀者並促發採取行動

前面說明了如何擬定文章架構和引導文。本章特別介紹，在擬定好文章架構之後，「敘述文、本文」的撰寫方法。

Section 01

本文的撰寫方式

接下來終於要開始寫「本文」了。作為文章架構的標題都已經擬定好了，接著就讓我們按照標題，把所需的內容填寫進去吧。

本文也必須要有架構

在本文內容都還不明確的狀態下，就開始針對標題書寫本文，不僅會使文章內容鬆散，也很容易寫一寫不知道自己在寫什麼，不斷停下筆來。

這個時候，就像動筆撰寫文章前要先擬定「文章架構」， 開始撰寫本文前，建議也要擬定「本文架構」。

本文架構該如何擬定呢？以下分三個階段來做具體的說明。

① 蒐集素材

首先，**蒐集撰寫本文所需的必要資訊，然後依據標題條列出重點。**

比方說，假如本文其中一個標題是「<h2> 評估導入會計系統時，也必須考量「系統維護費用」的理由 </h2>」，就針對這個標題蒐集相關資訊，你可以在網路上搜尋、尋找相關書籍，或是詢問熟悉這個主題的人。運用自己擁有的知識來寫文章當然也可以。

接著，把蒐集到的資訊，在標題底下一一條列出重點。現階段看起來很亂沒關係，不必要的資訊寫出來也無妨。重點在條列出重要資訊，即使順序亂七八糟也沒關係。這個階段如果花太多時間在整理資訊上，反而會拉低效率，所以只要按照標題蒐集需要的資訊就可以了。

另外，撰寫標題底下的內文時，大多會經過以下流程。

1：針對標題的「結論和概要」。

2：針對結論和概要「補充和細節」。

所以要在蒐集資訊之際，確認各個標題的「結論和概要」，以及針對結論和概要的「補充和細節」是否齊全，當資訊有缺漏時，便可馬上發現。為提升效率，建議可以如下標註標籤，例如：「▼結論和概要」、「▼補充和細節」（圖 5-1）。

<h2> 評估導入會計系統時，也必須考量「系統維護費用」的理由 </h2>

▼結論和概要
- **應納入考量的原因**

▼補充和列舉細節
- **支持理由的客觀數據**
- **實際案例的詳細說明**
- **其他……**

圖 5-1 依據標題蒐集資訊

順帶一提，其實在第三章，以 PiREmPa 為基礎擬定文章架構時，早就草擬過「各個標題下要寫什麼內容」才對。

所以這裡要做的，應該是針對**「E（具體案例）」和「m（具體對策）」更進一步調查相關資訊，補充相關細節。**由於蒐集到的資訊會用在文章撰寫上，所以資訊越具體越好，具體到可以馬上寫成本文（**圖 5-2**）。這裡再重複一次，在這個階段不需要整理資訊，只要寫出蒐集到的具體資訊就對了。

尤其是關於「m（具體對策）」，只從 PiREmPa「讀者看完馬上就會模仿嗎？」的角度思考是不夠的，還要從文章能不能對讀者更友善的角度來思考，例如「補充實例、添增確認清單、將行動階段化」等等。

資料蒐集前

method（具體對策）	<h2> 評估導入會計系統時，確認「維修服務費用」有多少的方法 </h2> • 直接跟系統公司的業務窗口確認系統維護費用是多少。

資料蒐集後

method（具體對策）	<h2> 評估導入會計系統時，確認「維修服務費用」有多少的方法 </h2> • 直接跟系統公司的業務窗口確認系統維護費用是多少。 • 比方說可以這樣問：「其他跟我們導入相似系統需求的公司，產生了哪些系統維護費用，金額大概是多少？」

圖 5-2 蒐集並彙整詳細的資訊

② 整理素材的順序

蒐集到撰寫本文所需的必要資訊後，接著按「讀者好理解、接受的順序」做整理。

如同前面所述的順序排列，開頭先寫出「針對標題的結論和概要」，後面接著寫出「針對結論的補充和細節（理由和具體案例等等）」的內容就可以了（這樣的寫作方式又稱為「段落寫作」）。

文中我重複了很多次，大多數閱讀網路文章的讀者，都期望從文章中找到「可以解決自身煩惱的資訊」，因此建議標題下的內文也要先寫「結論」。

另外，**「整理本文寫作素材的順序」時，也請一併確認內容會不會太多或太少。**例如，刪掉偏離主題的資訊，補充資訊不足的地方，把相似的資訊統整成一個，方便讀者理解等等（**圖 5-3**）。

Example（具體案例）	• 過去曾經有某間公司，因為「初期費用非常低廉」，馬上就決定導入。 • 但其實持續使用系統的授權費，以及發生問題時的維修服務費用，都比其他間公司還高。 • 從長遠的角度來看，費用其實並沒有比較低廉。 • 原本應該是以低廉的費用導入系統，最後卻超出預算。 • ~~創辦那間公司的人名叫 GOH。~~ （資訊偏離了原主題，因此刪除）

圖 5-3 本文資訊的增刪與整理

此外，不確定蒐集到的資訊，要不要放進本文裡時，先放進去再說。因為「很冗長，但資訊充足，能幫助讀者做判斷」，比「很具體實際，但資訊不足，無法幫助讀者做判斷」好太多了。而且正式撰寫本文時，還有機會修改，所以現階段文章只有 70 ～ 80% 的精準度也沒關係。

在思考「該如何排列順序？需要什麼樣的內容？」時，可以從「參考其他網路文章或書籍的寫法」，或是「想像如果讀者就在面前，自己會如何說明」當中得到靈感。尤其推薦「想像自己跟讀者對話」的方法。

如果用想像的方式很困難，就實際找人口頭說明看看。實際跟人對話，不僅能直接看到對方的反應，也能得到別人的反饋「這樣說更好懂」。接著只要把說明的內容寫成文章就行了。

③ 把素材寫成文章

蒐集撰寫本文所需的必要資訊，並排列成適當的順序後，「本文的架構」就完成了。來到這個階段，就可以動手撰寫本文了（**圖 5-4**）。具體來說，就是要把所有條列出來的資訊，寫成文章。

把素材寫成文章前

Example （具體案例）	• 過去曾經有某間公司，因為「初期費用非常低廉」，馬上就決定導入。 • 但其實持續使用系統的授權費，以及發生問題時的維修服務費用，都比其他間公司還高。 • 從長遠的角度來看，費用其實並沒有比較低廉。 • 原本應該是以低廉的費用導入系統，最後卻超出預算。

把素材寫成文章後

Example （具體案例）	過去曾經有某間公司，因為「初期費用非常低廉」，馬上就決定導入。結果持續使用系統的授權費，以及發生問題時的維修服務費用，都比其他間公司還高，從長遠的角度來看，費用其實並沒有比較低廉。原本應該是以低廉的費用導入系統，最後卻超出預算。

圖 5-4 把蒐集到的資訊寫成文章

快速完成文章的技巧

快速完成文章的技巧就在於，**寫得很粗略也沒關係，不要中途停筆，先全部寫完再說。**

假如撰寫途中發現，「某些地方必須多做點查證」、「有些地方不知道該如何表達」、「有些句子覺得怪怪的，想做點修改」等等，那個時候就在旁邊備註，例如「調查〇〇」、「思考〇〇的表達方式」、「校潤句子」，然後跳過繼續往下寫（**圖 5-5**）。

文章全部寫完之後，再回去有備註的地方一一處理。寫文章時只要一出現在意的地方，就停下筆來思考或查證，會拉慢寫作的速度。想在有限的時間完成文章，一定要集中精神，先一口氣把文章寫完。

Example（具體案例）	• 過去曾經有某間公司，因為「初期費用非常低廉」，馬上就決定導入。結果持續使用系統的授權費，以及發生問題時的維修服務費用，都比其他間公司還高，從長遠的角度來看，費用其實並沒有比較低廉。原本應該是以低廉的費用導入系統，最後卻超出預算。★回頭推敲字句

圖 5-5 在要回頭處理的地方做記號，先一口氣把文章寫完

此外，把所有條列的資訊都寫成文章後，就可以開始仔細推敲字句，潤飾文章，讓文章變得更好。推敲字句的方法以及潤飾文章的要點，請參考第六章的內容。

從屬標題並列時，上位標題要將從屬標題目次化

舉例來說，假設某篇文章的架構如下。

「從屬標題並列」指的是，如下圖 5-6 大標底下小標並列的狀態。這個時候大標的內文該寫什麼才好呢？

<h2> 離過婚的大叔想受歡迎，就要從鍛鍊身體開始的三個理由 </h2>
<h3>1. 讓身體變得結實 </h3>
<h3>2. 讓自己更有自信 </h3>
<h3>3. 提升工作效率 </h3>

圖 5-6 大標和小標並列的例子

從結論來說，大標的內文「將小標的內容目次化」，舉例如下（圖 5-7）。

<h2> 離過婚的大叔想受歡迎，就要從鍛鍊身體開始的三個理由 </h2>
推薦離過婚的大叔鍛鍊身體的，主要有以下三個理由。

1. 讓身體變得結實
2. 讓自己更有自信
3. 提升工作效率

以下將一個一個解說。

<h3>1. 讓身體變得結實 </h3>
（說明詳細理由）

<h3>2. 讓自己更有自信 </h3>
（說明詳細理由）

<h3>3. 提升工作效率 </h3>
（說明詳細理由）

圖 5-7 將小標的內容目次化

撰寫本文的概略流程就是，在大標先說明「標題的結論和概要」，然後在小標「針對標題做補充和描述細節」。撰寫本文的方法，基本上跟「② 整理素材的順序」所介紹的形式相同。

Section 02

句子要簡短有力

句子太長會引發種種問題。比方說，資訊太多時，「誰？做了什麼？」前後關係不清會使文章變得難懂，或錯過真正必要的資訊等等。因此，我將為各位介紹，避免句子過長的因應對策。

句子細分成「一文一義」是大原則

以下文為例。

> A 公司導入了第一個會計系統，在導入系統時，發現有個系統「雖然要自己做維護，但初期費用很低廉」，看起來很划算所以就買了，但實際上要招募到可以操作系統的工程師很難，而且雇用人員的成本高，跟人力仲介之間的溝通成本，以及招募面試等作業成本也很高。

這段文字接近一百字，一句話的資訊量太多，也不知道主詞是誰，讀者看了很難理解內容在講什麼。這個時候就狠下心來，依據「一文一義：一句話，一個內容」的原則，盡可能把句子分拆成多句。把剛才的短文，拆分成多個句子來看看吧。

這是A公司導入第一個會計系統時的案例。A公司調查有哪些會計系統時，發現有個系統「雖然要自己做維護，但初期費用很低廉」，看起來很划算所以就買了。但實際上要招募到可以操作系統的工程師很難，而且雇用人員的成本很高。除此之外，跟人力仲介之間的溝通成本，以及招募面試等作業成本也很高。

把句子拆解成短句，一次進來的資訊量減少，主語行為者做了什麼事，也變得明確清楚。跟前面的文章相比，顯得好理解多了。

一句話應該要控制在多少字？

寫作的大前提就是，**只要對讀者來說文章好讀易懂，文章是長是短都無妨。**話雖如此，但如果有個「對讀者來說好閱讀的文字長度」，寫作時就不用煩惱，有依據寫起來也相對輕鬆。從句子精簡的角度出發，查閱相關書籍可以發現，一般都建議「一句話30至60字最好懂」。實際閱讀時，我也覺得這個字數長度剛好、比較好懂。

句子越簡潔越好，但刪減句子不是一件容易的事情。「把文章發出去前，必須刪減句子才行」，越是在意這件事越難下筆，雖然刪減句子很重要，但也不要過於糾結句子的長短。所以精簡句子時，建議依據的原則就是「一句話盡可能控制在60字以內，稍微超過一點也沒關係，之後再慢慢刪減」。

Section 03

連接詞適當的使用方式

向讀者表示「文章接下來會這樣呈現」，或是確認文章「這樣合邏輯嗎？」時，連接詞有很大的幫助。這個章節將為各位介紹，撰寫文章時該如何使用連接詞。

連接詞能幫助讀者理解文章

首先，連接詞的功能在於，標示句子和句子之間關係與結構。比方說，「下雨了，所以」的後面是「我帶傘出門」；而「下雨了，但是」的後面則是「我沒帶傘出門」。

像這樣，連接詞能有助於讀者預測文章接下來的發展，對讀者來說文章相對好讀易懂。

接著請閱讀下方短文，以我這個離過婚大叔的血淚故事作為案例，一起來思考一下連接詞的用法。

> 離過婚的大叔最近開始健身。大叔重訓後常常忘記買乳清蛋白來喝，他決定定期訂購乳清蛋白。不僅省事，也能預防忘記購買。運動時輕忽而傷到腰，最後決定放棄健身。

讓我們幫這則短文加上連接詞看看。

> 離過婚的大叔最近開始健身。**但是**大叔重訓後常常忘記買乳清蛋白來喝，**所以**他決定定期訂購乳清蛋白。**結果**不僅省事，也能預防忘記購買。他運動時**卻因為**輕忽而傷到腰，最後決定放棄健身。

跟沒有連接詞的版本相比，文章的資訊應該相對好懂對不對？假如把讀者的反映寫出來，文章就會呈現如下。

> 離過婚的大叔最近開始健身。**但是（發生了什麼事情嗎？）**大叔重訓後常常忘記買乳清蛋白來喝，**所以（做什麼對策了嗎？）**他決定定期訂購乳清蛋白。**結果（在那之後有什麼變化嗎？）**不僅省事，也能預防忘記購買。他運動時**卻因為（果然發生了什麼事情嗎？）**輕忽而傷到腰，最後決定放棄健身。

可以驗證文章是否有邏輯

假如有篇短文如下。

> GOH 深蹲法很獨特，能短時間達到減肥效果，所以非常推薦。深蹲不會發出聲音和震動。讓我在短時間內瘦了五公斤。

這篇文章最大的問題在哪？問題就在於「深蹲不會發出聲音和震動」，不足以作為支持「能短時間達到減肥效果，所以非常推薦」的論點（**圖 5-8**）。

深蹲不會發出聲音和震動	≠	能短時間達到減肥效果，所以非常推薦

圖 5-8 沒有因果關係

不熟悉寫作的人，想到什麼就寫什麼，所以很容易發生這類「邏輯破綻」。預防這類問題的對策之一，就是在文章中「放入連接詞」。

讓我們連接詞放到剛才的文章中看看。

> GOH 深蹲法很獨特，能短時間達到減肥效果，非常推薦。**因為**深蹲不會發出聲音和震動。讓我在短時間內瘦了五公斤。

在「能短時間達到減肥效果，非常推薦」和「深蹲不會發出聲音和震動」之間放入連接詞「因為」，可以增加發現句子和句子之間邏輯有問題的機會。想確認文章合不合邏輯，就適當地在文章中放入連接詞吧。

在方才的短文中加入適當的連接詞，修改文章讓邏輯通順後如下。

> GOH 深蹲法很獨特，能短時間達到減肥效果，非常推薦。**因為**深蹲會用到全身的肌肉，是有高效且高強度的重訓方式。結果讓我在短時間內瘦了五公斤。

刪掉連接詞的風氣

學習如何寫作時，不時可見「盡可能刪掉連接詞」的建議。這個建議主要是來自於「刪掉連接詞，可以讓文章更簡潔，看起來比較秀逸、節奏感佳」的想法。

對散文和小說這類「閱讀文章本身就是目的」，和書籍、雜誌和新聞這類「因排版需求，文章句子越精簡越好」的文章來說，必須盡可能刪掉連接詞，我非常可以理解他們的立場。

但老實說，「刪掉連接詞，可以讓文章看起來比較秀逸、節奏感佳」這個想法，我自己並不是那麼同意。而且**本書涉及的文章類型，主要是以傳遞資訊為目的，「讀者有辦法輕鬆理解文章的邏輯嗎？」、「文章邏輯有連貫嗎？」才是重點所在。**因此，我反而建議「句子和句子之間，盡可能把連接詞放進去」，這點對寫作的初學者來說尤其重要。

Section 04

讓讀者樂於接受自己的主張

希望文章對讀者有幫助，同時也能達到媒體期望的成效。然而文章的表達方式，卻無法讓讀者輕易接受文章內容，讓前面所做的努力都白費了。因此本章節將介紹「能讓讀者樂於接受文章主張」的表達方式。

不妄下定論、不強加於人

想讓讀者毫無抗拒地接受自己的主張，其中一個方法就是「不妄下定論、不強加於人」。不妄下定論、不強加於人，指的就是「〇〇就是〇〇」、「你這個人就是〇〇」這類武斷的論述。請看看下面幾的句子。

- **日本人喜新厭舊。**
- **壽司不加哇沙比，人生就是黑白的。**
- **離婚讓你很不好受對不對。**

這類文字讀者讀了之後，可能會有一定數量的讀者感到反感，就不繼續往下看了。「很多事情都沒有定論，要視情況而定」，因此自己的主張未必所有人都適用。這個時候如果「你這個人就是這樣對吧」、「你應該這樣想吧」，**妄下定論、把自己的想法強加於人，很有可能會讓人感到不愉快。**

因此，這裡我想介紹不會讓讀者感到不愉快的四個寫作技巧給各位參考。

① 表達主觀立場

明確表達這是「我的意見」。

> 離婚讓你很不好受對不對。
>
> ↓
>
> 我覺得，離婚好像讓你很不好受。

上述只是表達個人的想法，並未把自己的想法強押到別人身上，可以大幅減少讀者感到不愉快或反感的可能性。

② 換成問句

把個人主張以問句的方式呈現，「你是不是覺得～這樣？」

> 離婚讓你很不好受對不對。
>
> ↓
>
> 離婚是不是讓你很不好受？

「你是不是覺得這樣？」的問句，並非「你就是這樣對不對？」並未把想法強加到別人身上，所以不太會讓讀者產生反感。

③ 認同其他可能性

表達對於這件事情的想法並非只有一個，還有其他可能性。

離過婚的大叔不受歡迎。

↓

離過婚的大叔有可能不受歡迎。

用可能性來表達意見，給人感覺的確有點薄弱，但沒有可以明確斷言的證據時，建議這樣表達就好。

④ 限定主語

表達「誰誰誰是這樣」時，要限定「誰誰誰」的範圍。

離過婚的人感覺很不好受。

離過婚的大叔感覺很不好受。

這樣看起來好多了。但也有讀者可能是我這種脾氣不好、離過婚的大叔，所以再把主語限縮一點。主語的範圍限定得越狹，越能降低讀者感到不愉快的機會。

走在外面，每天都會撞到電線桿，運氣差、離過婚的大叔感覺很不好受。

把描述對象限縮成到這樣的程度，應該沒有什麼人會感到不滿。

是否要把話說死？

有些人認為「直言斷定，可以增加說服力」。比起模糊曖昧的表達方式，主張直言斷定，可以讓意見或文字顯得強而有力，能增加說服力，這是不爭的事實。因此，筆者也認為「假如有明確的理由和根據，能說服讀者」，就應該積極地斷定主張。

但現實情況是，不是每次都有辦法準備強而有力的理由和根據。所以身處於容易在網路上引發爭議的現代社會，我對「隨時都要斷定主張」的想法感到疑慮。斷定主張，某種程度上等同於「一口咬定」，容易讓讀者感到不愉快。

而且從「希望讀者接受主張、採取行動」的文章目的來思考時，必須經常問自己，真的有必要把話講這麼死嗎？提出強烈的主張，就要做好讀者可能會感到不愉快的心理準備。

Section 05

讓讀者願意採取行動的技巧

大家都希望花時間撰寫的文章，多多少少能抓住讀者的心，甚至讓讀者採取行動對吧。因此，寫文章時，必須無時無刻想著「該怎麼做才能讓讀者採取行動」。

什麼樣的文章能促使讀者採取行動？

能促使讀者採取行動的文章，基本上就是閱讀了之後，能讓讀者覺得「的確是那樣沒錯，想購買那個產品／想試試那個服務」的文章。

然而花費大把力氣做調查，寫得很深入的文章，卻抓不到讀者的心的情況不時可見。造成這種情況常見的原因之一就是，「文章內容過度侷限在商品規格（客觀特徵）」。

比方說，有篇文章通篇在講「這片記憶卡的容量是 1TB」。對不熟悉記憶卡、不懂儲存容量的人來說，這樣的內容完全一點也不吸引人。因為沒有判斷的基準，讀者不知道「1TB」的容量「是好還是壞」（**圖 5-9**）。撰寫文章時，必須提供一個「判斷基準」，以便讀者理解文章內容。

比如，把剛才的「這張記憶卡的容量是 1TB」，修改成「這張記憶卡的容量是 1TB，4K 高畫質的影片可以拍攝一整天」（**圖 5-9**）。這個時候如果能配合目標讀者，具體化文章內容的話，更容易吸引到讀者。假設目標讀者群是有小孩的家庭，文章可以如下這樣寫。

圖 5-9 不知道東西好在哪裡，未能讓讀者採取行動

> 這張記憶卡的容量是 1TB，4K 高畫質的影片可以拍攝一整天。假如孩子有運動會，從早上做便當開始，到運動會正式開始，一直到運動會結束後的晚餐時間，可以持續拍攝高畫質的影片不中斷，不需要中途更換記憶卡。

不斷重複「所以好在哪裡？」

文章不能僅限於客觀規格等資訊，要試著不斷思考這個商品或服務對讀者來說「好在哪裡」。請看下面的範例文。

> 這個旅充的容量是 150000mAh。→**所以好在哪裡？**→中途不用充電，可以幫手機充電四十次以上，筆電充電十次以上。→**所以好在哪裡？**→災難發生時，四人家庭成員一天充電一次，可以撐一星期以上。

「所以好在哪裡？」要重複幾次，並沒有一個明確的標準，重複次數會因為目標讀者不同，而有非常大的變化。所以請不斷重複自問商品或服務「好在哪裡？」直到撰寫文章的自己能有自信地說，「這樣寫應該可以讓目標讀者有個具體圖像，清楚瞭解商品或服務的內容」。

■ 公式就是「規格是這樣，所以○○」

這個思考商品或服務「好在哪裡？」的技巧，可以應用在各種情況。基本上，出現某種客觀資訊時，就試著自問這個東西「好在哪裡？」把這個方法化為公式，可以如下所示。使用時記得想辦法把「規格」和「○○」填上。

「規格（客觀資訊）是這樣，所以○○。」

■ 利用「為什麼」驗證文章的邏輯

此外，思考出來的商品或服務的「好處」，可以藉由自問「為什麼」回頭驗證其正確性。讓我們利用「為什麼」，確認文章邏輯是否連貫。

災難發生時，四人家庭成員一天充電一次，可以撐一星期以上。→為什麼？→因為中途不用充電，可以幫手機充電四十次以上，筆電充電十次以上。→為什麼？→因為這個旅充的容量是 150000mAh。

負面的情況也可以使用自問公式

不是只有正面的情況，才會出現讀者無法依據客觀條件做判斷的問題。這個「為什麼？」的提問法，也可以應用在負面的情況上。比方說，「這張記憶卡容量是 1KB」→「這張記憶卡容量是 1KB，所以幾乎沒辦法保存什麼東西，千萬不要買」。

Section 06

總結的功能

本書所指的「總結」，指的是文章最後的部分。在文章中放入「總結」，能幫助讀者加深理解，讓文章的效果最大化。本章節將介紹總結的詳細效果以及具體的撰寫方法。

總結的效果和放置位置

如下圖所示，總結位於文章的最後一個標題底下，能帶來「理解」和「成果」的效果（**圖 5-10**）。

這一頁的整體圖像〔關閉〕

1 所謂的「總結」，就是「文章標題和目次之前的開頭文」。

2 三個引導文之所以重要的三個理由

- ① 因為是「讀者判斷文章是否有閱讀價值」的第一步。
- ② 因為引導文看到一半就不看，會對 SEO 帶來負面效果。
- ③ 因為很多人都忽略了引導文的重要性。

3 撰寫引導文的五大重點

- ① 疑問：利用提問吸引目標讀者的注意（提問盡可能讓讀者感到吃驚）。
- ② 共鳴：引發共鳴，促進讀者的「理解和認同」。
- ③ 好處：閱讀解決對策和本文的好處。
- ④ 權威性：文章作者是這個領域的專家。
- ⑤ 簡易性：方法簡單卻很有效。

4 引導文的模板

5 總結：撰寫引導文的方法

圖 5-10 「總結」在文章中的位置

「理解」指的是就算讀者快速掃過，直接跳到文章後半部分沒仔細看，也能輕鬆理解文章內容（**圖 5-11**）。而且就算沒有跳過，也有可能看到後面就忘了前面的內容，因此要在文章的最後放入總結，再次傳達文章的內容，幫助讀者理解。

另外，為了達成文章的「成果（目標）」，想辦法讓閱讀文章的讀者，採取媒體期望的行動很重要。

圖 5-11 藉由總結幫助讀者回想文章內容

這邊再次重複，媒體平台的經營者，之所以花費時間和人力等成本去製作媒體文章，為的就是透過文章「為自家公司的事業創造出成果、帶來業績」。從這個角度來看，「總結」相對容易帶來成效，相當重要。**會把文章看到最後的讀者，通常都對文章有高度的興趣。**

正因為如此，更應該要在文章的最後促使讀者採取行動。具體做法將於下一個章節詳細說明。

Section 07

撰寫總結的方法

撰寫總結時，建議將總結分為「資訊整理」和「行動促發」兩個部分撰寫。以下將個別介紹撰寫方式。

條列重點，整理資訊

首先，「整理資訊」指的是，把文章的重點條列出來，再次整理文章資訊。如下一頁上方框框的內容（**圖 5-12**）。

總結的目的在於，「讓跳過部分內容的讀者，也能理解文章在講什麼」。撰寫文章重點時，大概抓出三個重點就好，最多不超過五個。因為如果總結的要點太多，反而會讓讀者覺得「重點模糊、看不懂、難以閱讀」。

如果文章要點怎麼整理就是這麼多，大多表示規劃文章時，沒有思考清楚讀者圖像以及文章資訊的優先度。這個時候請再次思考一下，「針對有這類煩惱的人，想傳達什麼樣的訊息，希望他們怎麼做？」某種意義上，寫總結時，能確認整體文章是否確實把想講的事情表達清楚了？

促發讀者採取行動，達成文章目標

「行動促發」指的是，透過文章內容的傳遞，讓讀者不自覺地想採取行動。總結的目的在於「促使讀者採取媒體期望的行動」，所以必須確實從選定的目標逆推，配合目標促發讀者採取行動。

要撰寫出「促發讀者採取行動的內容」難度非常高。因為總結不但要回答讀者的煩惱，同時還要很自然地把內容帶到「促使讀者採取媒體期望的行動」，要讓這兩者間連結得漂亮很難。

因此，總結至少要規劃出一個「抵達期望目的地的動線」，不完美也沒關係，大概就好。比方說，假如文章的目的是，希望讀者報名「○○學校」，只要在文章最後寫上「申請○○學校」就可以了。文章絕對不能沒有促使讀者採取期望行動的部分，以本例來說，文章一定要有「報名的按鈕」（**圖 5-12**）。若總結沒有促發讀者採取行動，根本無法達成文章的目標。

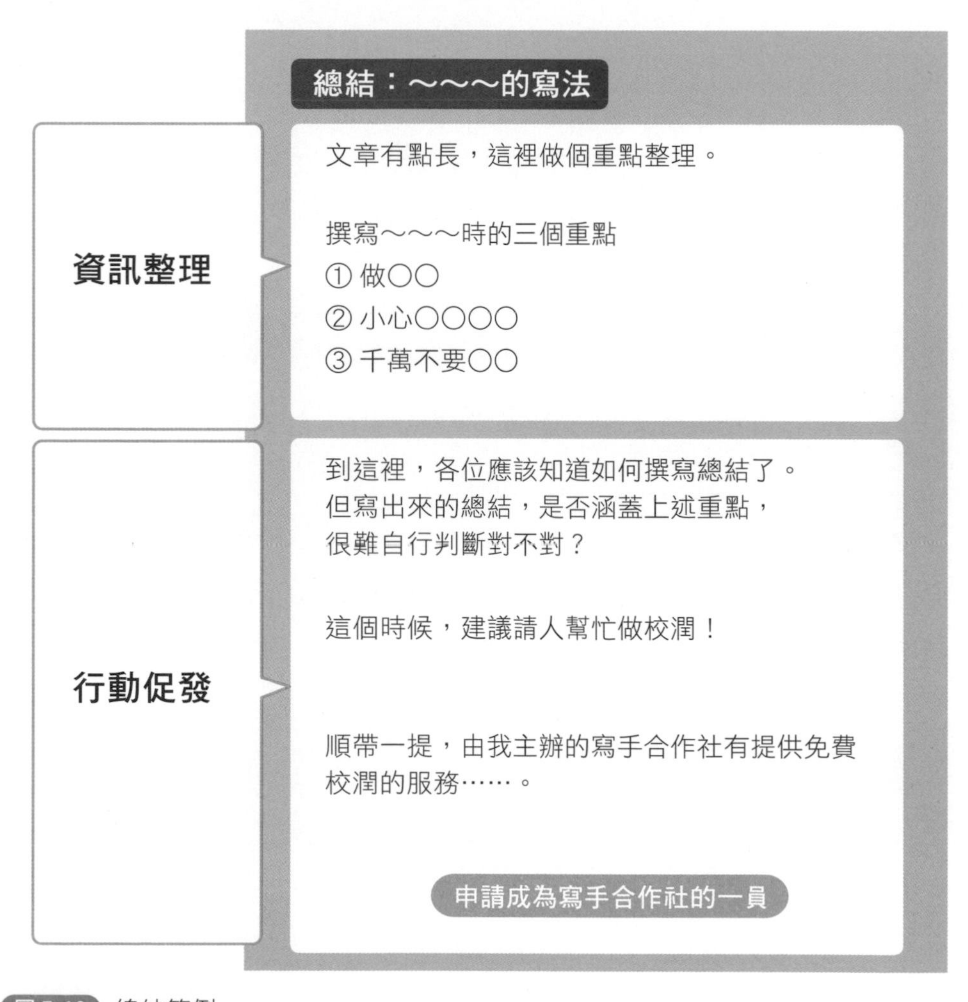

圖 5-12 總結範例

Section 08

讓成交率翻倍的架橋寫作法

本章節將介紹，我所設計的「架橋寫作法」，如何讓文章目標更容易達成。只要目標讀者群的設定沒有偏離，這個寫作技巧，可以讓所有文章都能達到「期望的效果」。

直白地寫「買下去吧」，沒有人真的會乖乖地買

首先，如同前面多次提及的，文章都有其目標，也就是「期望讀者採取的行動」，例如購買商品、註冊使用服務、洽詢等等。所以一定要在文章中放進「促發讀者採取行動」的內容。

只不過，對讀者來說，文章提供了他想要的某個領域的知識，卻在最後突然寫道「你一定要買這個商品！」在文章的最後放入這樣的內容，讀者真的會因此而購買嗎？恐怕有點困難吧。

想要很自然地促使「為解決煩惱，前來閱讀專業文章的讀者」採取行動，就**必須在「讀者的煩惱」與「期望讀者採取的行動」之間搭起橋梁。**這就是本章節想跟各位介紹的「架橋寫作法」。

架橋寫作法

這邊我先介紹一個架橋寫作的範例。假如文章的主題是「引導文的撰寫方法」，文章目的是「促使讀者註冊寫手合作社」，文章的最後這樣寫如何？

撰寫引導文的重點是〇〇。

但就算知道重點在哪，實際撰寫時，還是會覺得「這樣寫真的可以嗎？」感到很不安對不對？為此，我所營運的「寫手合作社」，提供了真人文章校潤的服務。

點此瞭解詳情

首先，要確實把撰寫引導文的重點，傳達給想瞭解引導文撰寫方式的讀者。然後再談及讀者新出現的煩惱（「這樣寫真的可以嗎？」），提供解決這種煩惱的對策，促使讀者採取行動（利用寫手合作社的服務校潤文章）。如此一來，便能自然而然地把讀者帶到文章期望的目的地（**圖 5-13**）。

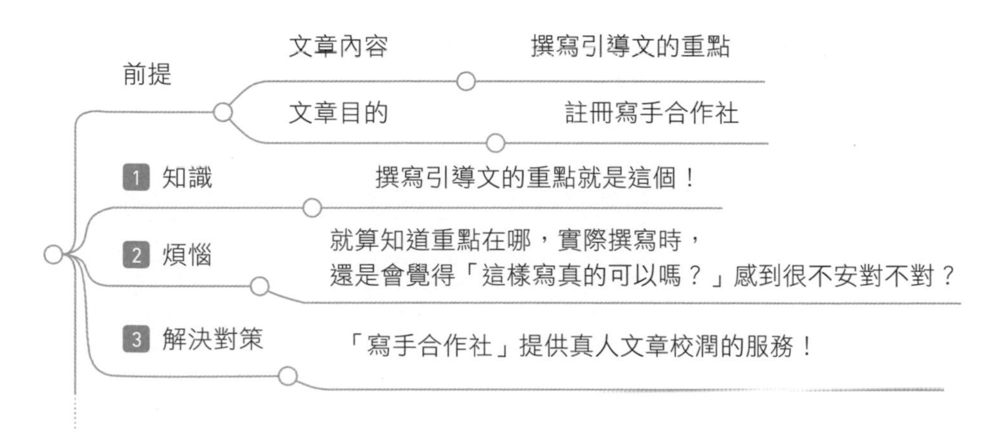

圖 5-13 引導讀者採取文章期望的行動

架橋時，請試著按照這樣的流程安排「傳達知識，接著提及隨之而來的煩惱，提供解決對策，促使讀者採取行動」。為方便大家記憶，我把這個技巧寫成了公式（**圖 5-14**）。這個公式的名稱是「野中（Nonaka）桑」。題外話，小學時常坐在我旁邊的同學也姓野中，是下一堂課開始前，常常跟我搭話聊天的好人。

- No（知識，Know how）：藉由專業知識解決讀者的煩惱。
- Na（煩惱，日文：Nayami）：提及讀者新出現的煩惱。
- Ka（解決對策，日文：Kaiketsu）：針對新出現的煩惱，提供解決對策。

圖 5-14 利用公式「野中桑」彙整架橋寫作的重點

利用這個公式的流程撰寫文章，可以寫出什麼樣的文章呢？以下提供另外兩個例子，歡迎拿著公式「野中桑」和文章比對看看。你應該看得出來，文章不但解決讀者的煩惱，同時也能促使讀者採取行動（**圖 5-15**）。

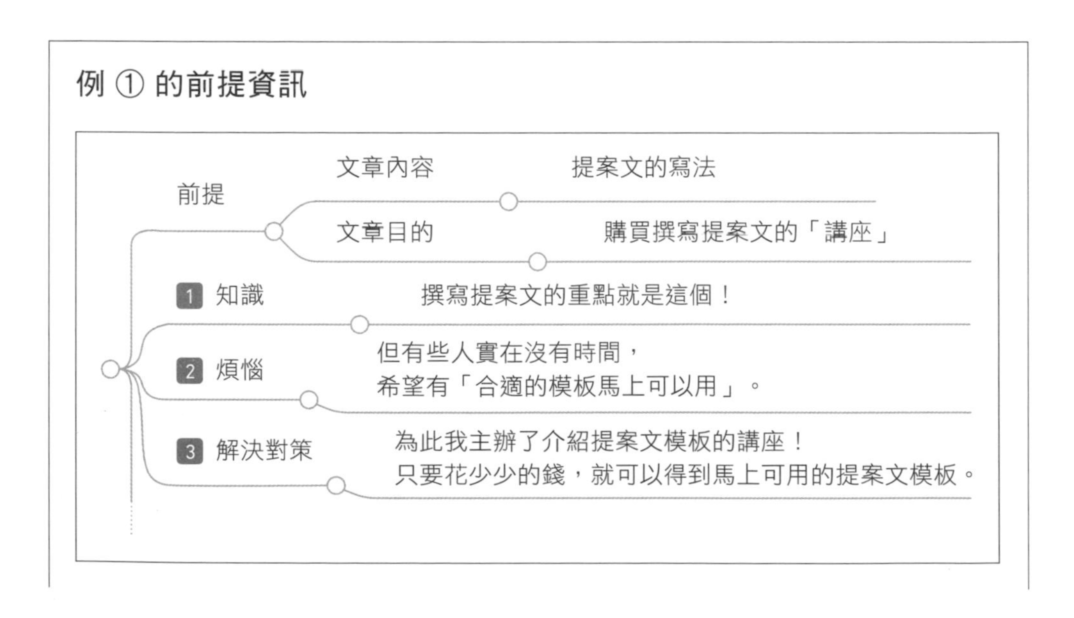

例 ① 的範文

初入門該怎麼做才能拿到工作呢？

提案應徵有所謂的「黃金公式」，只要按照那個原則走，可以應徵上的案子出乎你意料得多。

雖說如此，不是每個人都有時間慢慢寫提案文，「落落長的理論就不用了，直接給我可以複製貼上的模板！」沒時間自己寫提案文的人有福了，只要花點小錢，提案文模板馬上送給你！

佐佐木不藏私，將公開他獲得許多工作的提案文寫作訣竅給大家。

看看在群眾外包平台贏得工作的提案文長什麼樣子

例 ② 的前提資訊

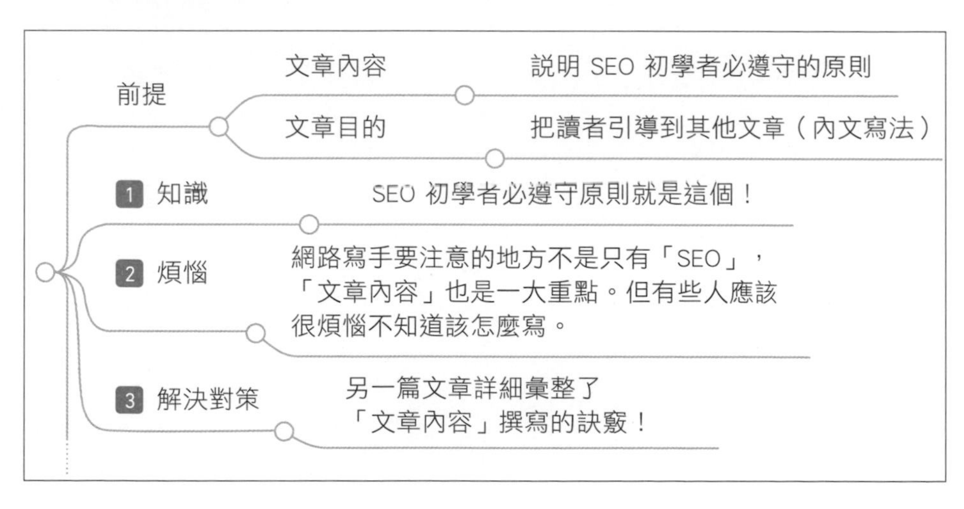

例 ② 的範文

文章變得有點長，重點整理如下！

1. ～～～

2. ～～～

3. ～～～

一次接收太多資訊，可能會感到有點混亂，總之先從這三個重點開始吧！

但撰寫網路文章時，要注意的地方不是只有「SEO」。

「文章內容」也是一大重點。

但有些人應該很煩惱不知道該怎麼寫。

所以，另一篇文章彙整了「文章內容」撰寫的訣竅！

撰寫文章內容時至少要掌握這些重點！

看看魔法公式「TAMEA（Target、Message、Action）」
如何幫你寫出實用的文章

圖 5-15 解決讀者的煩惱，促發讀者採取行動

架橋內容擺放的位置

前面說明了如何促發讀者採取行動，以達成文章目的，但這樣的架橋內容該放在文章什麼位置才好呢？這個問題沒有絕對正確的解答，但建議至少要放兩次，分別置於「引導文」以及「總結」的後面。架橋內容要放在引導文最後的理由在於，**就算讀者沒閱讀本文，也能促發讀者採取媒體期望的行動。**

而應該要放在總結最後的理由則在於，把文章看到最後的讀者，通常對文章有高度的興趣。如果不在文章的最後促發讀者採取行動，以達成文章的目的，讀者很有可能文章看完就關掉視窗，不採取任何行動。大部分的情況是，讀者一旦關掉文章就再也不回來了。因為讀者每天接觸大量的資訊，根本不會記得「剛才那篇文章，我是在哪個媒體平台上看到的」。

不同的文章，架橋內容適當的擺放位置可能也有所不同，但基於上述理由，先在「引導文」和「總結」的最後放入架橋內容，促發讀者採取媒體期望的行動吧。

Section 09

鋪梗讓讀者把文章分享出去

許多人都希望自己寫的文章能在網路上轉貼分享，讓更多讀者閱讀。本章節將介紹「如何鋪梗」，讓更多人轉貼分享自己的文章（以推特*為例）。

提供「讓讀者便於分享的文章」

無論使用哪個社群媒體，想像「希望讀者如何在社群媒體上分享自己的文章」很重要。比方說，推特一則推文有140以內的字數限制，讓我們試著思考一下，推文怎麼寫，比較能讓讀者願意分享。

若推文包含以下資訊，能提高讀者分享的意願（**圖5-16**）。

- 分享文章節錄內容
- 分享人的評論
- URL

只要文章獲得引用轉貼，就算讀者未閱讀文章本身，被引用的部分也能獲得曝光，分享人的評價心得，也容易讓人對轉載分享的原始帳號感到好奇。

---

* 備註：2023年7月更名為X。

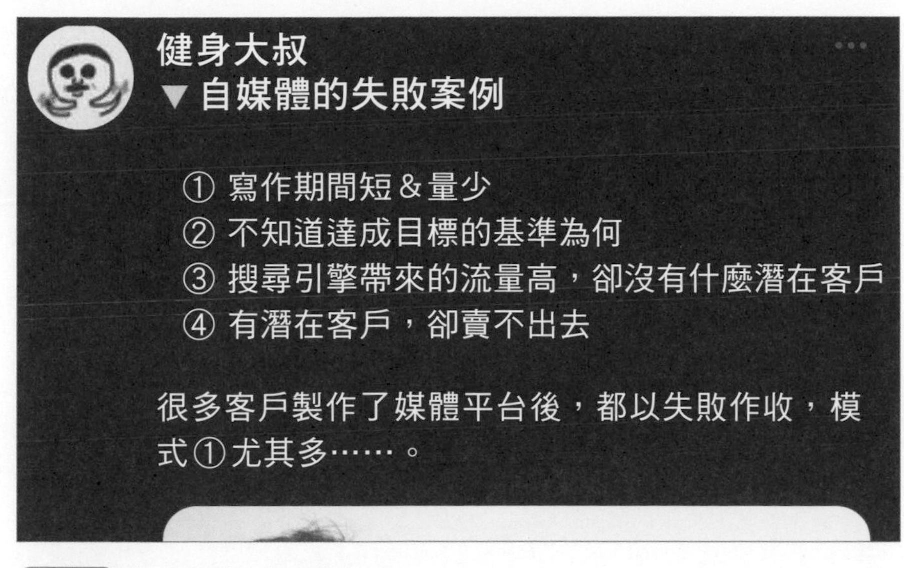

圖 5-16 設計出讓人想分享的貼文

若能把這樣的內容，設計成一則 140 字的推文當然最好，但那樣做的難度很高，建議先「把希望別人引用的重點圖像化」（圖 5-17）。這樣做，轉貼文章的人不用煩惱包含引用文，字數可能會限制，讓文章更容易被分享出去。

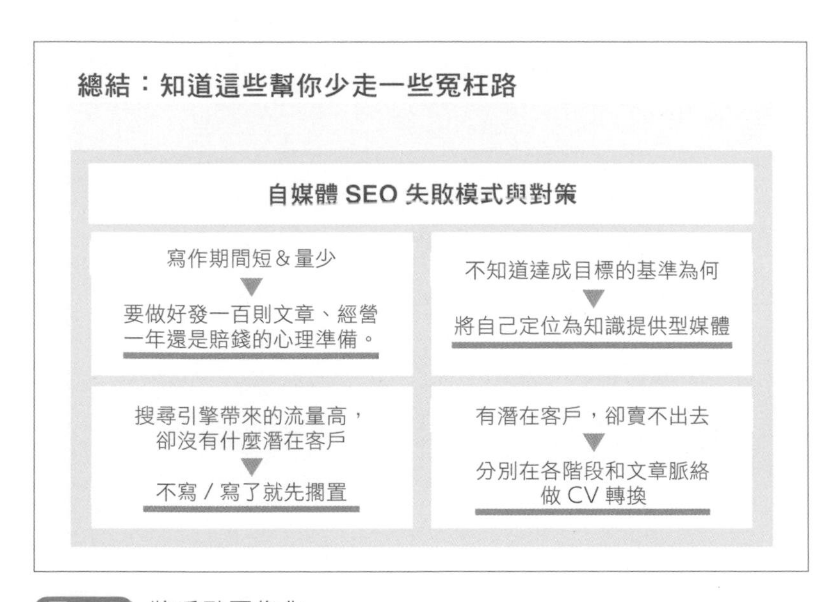

圖 5-17 將重點圖像化

Column

副業經驗談03：獨立創業、成為專業寫手後的心態

自己經營媒體、寫文章，以此作為實績向業主自我推銷；並定期以案主的身分招募文章，比較自己和別人的提案文。在這樣的過程之中，我獲得工作的機率越來越高。

此外，初入門時，文章當然有很多需要改善的地方，因此我把業主提供的回饋全都筆記起來，下次交稿時，連同「改善項目清單」跟著文稿一起提交出去。這不僅能提升自己的能力，詢問客戶持續發案的理由，最常聽到的答案就是「非常有心，文章確實反映了回饋」。

撰寫網路文章的工作越來越上軌道後，就在感覺可以「賺到最低限度生活費」的時候，我自立門戶轉做專職網路寫手。在那之後，收入也越來越穩定，以平均之上的速度達成月收百萬日圓（當然利潤≒毛利）的目標，以下簡略介紹一下，在成為專職網路寫手之前，我「特別留意的地方」。

首先，當時的我不知道「自己的強項」在哪，所以經常詢問業主發案的理由。因為發案給自己的業主，之所以選擇自己的理由，正是「自己的優勢」。

最常聽到客戶回答的發案理由是，「認為自己有責任必須提升業績和成果，並不斷思考該採取何種最佳手段以達成目標的積極態度」。在還沒拿到案子的階段，業主根本不知道成果會是什麼，因此態度和計畫本來就是業主評估的重點項目。正如本書所介紹的，思考「經營媒體目的為何？」、「目標讀者群（潛在客戶）是誰？」、「希望透過文章，促發讀者採取何種行動？」等問題，向業主提出自己的意見，為自己加分。

此外，我也經常提醒自己，要積極地向客戶毛遂自薦「掠奪」案子。業主之所以把案子外包出去的理由之一，就是「資源不足」。因此，當業主很忙，針對文稿遲遲未回覆時，我就會舉手「掠奪」工作，「方便的話，我可以幫忙看看其他寫手的文章，稿費低也沒關係，請給我幾篇文章校正看看」。

我這麼做的目的並不是為了「眼前的錢財」，而是著眼長期的自我成長、累積經驗以及客戶的持續發案。

接案時，有很多其他必須注意的地方，但我最重視的還是「從目的逆推」。我面對工作的態度並非「收到指令才動作的作業員」，而是「一起思考怎麼做才能達成目的的夥伴」，那樣做最後也讓我的收入獲得了成長。

> Chapter 6

提升文章的品質——微調與推敲

為方便讀者閱讀和理解，文章必須做細微的調整與潤飾。但寫作的技巧和訣竅多到數不清，想全部做到恐怕很困難。因此本章將集中在可以馬上帶來效果的方法。

Section 01

設計文字和空白的排版，讓文章更好閱讀

想讓文章更好閱讀，重點不是只有「內容」，文章的「外表」也很重要。為了不要讓文章給讀者的第一印象就是難以閱讀，文章的排版設計也必須下點工夫。

密密麻麻的文章很難讀

請先閱讀一下以下這則短文。

> 擬定文章結構時，必須考量的項目是根據、具體案例以及期望讀者採取的行動。首先，想研擬出讓讀者信服的邏輯推展，根據就非常重要。為此，作為根據的資料本身的可信度，必須仔細驗證。其次，撰寫具體事例的重點在於，無論是作者的親身經歷，抑或撰寫時做足了調查、取得具體細節，都應該仔細地向相關人士取材。最後，撰寫文章的目的，是為了對營運母體的業績做出貢獻，因此事先規範出期待讀者採取的行動可說是至關重要。撰寫文章的目的是為營運母體的業績做出貢獻。因此，事先規範出期待讀者採取的行動可說是至關重要。

各位應該邊看邊跳，沒看到最後吧。回答「有，我看完囉」的人，有沒有發現文章的最後重複了呢？

這篇短文充斥著生硬的用語，**文章看起來「密密麻麻的」，讀者很容易放棄閱讀文章。**如果外表讓人覺得「很難看」，文章寫得再好也沒人看⋯⋯。那樣實在是太可惜了。

因此本章節想從文章「外表」，來告訴大家如何寫出友善讀者的好讀文章。為避免還不習慣寫作的人，因受到寫作技巧知識的束縛而遲遲下不了筆，說明時我盡可能避開「語言的文法規則」。

步驟一：鬆綁文字

撰寫好讀易懂文章的技巧很多，但第一步要思考的是「如何鬆綁文字」。本書所指的「鬆綁」，指的是「文字簡單化」與「盡可能避免使用生硬用語」。

■ 用語簡單化，避免使用生硬用語

首先，確認文章使用的用語，是否連「國中生」也能一看就懂。比方說，例文中所使用的「考量項目」有點生硬，可以修改成「思考的重點」。

另外，文章用語應該要簡單到何種程度呢？要視預想的目標讀者群而定。然而想每次都完美捕捉到目標讀者圖像，好像很困難對不對？因此，我都建議，**感到猶豫時，就選擇國中生也懂得簡單用語。**

■ 「鬆綁文字」後，文章外表會有什麼變化？

接下來將透過具體案例，說明「鬆綁文字」後文章會產生何種變化。再者，以下範例文章是做強調「文章外表變化」所用，因此文章有些地方可能會給人不通順的感覺，請見諒。

修改前

擬定文章結構時，必須考量的項目是根據、具體案例以及期望讀者採取的行動。首先，想研擬出讓讀者信服的邏輯推展，根據就非常重要。為此，作為根據的資料本身的可信度，必須仔細驗證。其次，撰寫具體事例的重點在於，無論是作者的親身經歷，抑或撰寫時做足了調查、取得具體細節，都應該仔細地向相關人士取材。最後，撰寫文章的目的，是為了對營運母體的業績做出貢獻，因此事先規範出期待讀者採取的行動可說是至關重要。撰寫文章的目的是為營運母體的業績做出貢獻。因此，事先規範出期待讀者採取的行動可說是至關重要。

修改後

擬定文章結構時，根據、具體案例以及期望讀者採取的行動是考量的重點。首先，根據是能否說服讀者的重點，因此支撐文章的根據，必須仔細查核是否值得信賴。接著，撰寫具體案例的重點在於，以作者的親身經歷為基礎，做足調查、取得具體細節，以及向相關人士取材。最後，撰寫文章的目的，是透過文章為刊載文章的網路平台帶來業績。因此動筆前，思考平台期望讀者採取什麼行動也非常重要。

步驟二：增加空白（換行與加引號）

鬆綁文字後，接著要增加視覺上的「空白」。試著透過換行、空行、加引號，減少讀者「閱讀的負擔」，讓資訊區塊看起來更容易閱讀。

■ 分行重整句子

「換行」指的是，將句子換到新的一行；「空行」則是在行間加入空白行。

我 33 歲單身，離過婚。

我 33 歲單身。←換行
離過婚。

我 33 歲單身。
　　　　←空行
離過婚。

用手機閱讀文章時，如果沒有換行，文字就會充滿畫面，不只傷害讀者的眼睛，也傷害讀者的心（圖 6-1）。

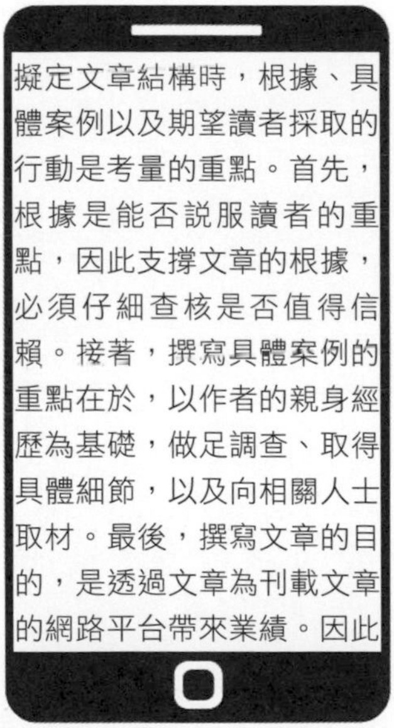

擬定文章結構時，根據、具體案例以及期望讀者採取的行動是考量的重點。首先，根據是能否說服讀者的重點，因此支撐文章的根據，必須仔細查核是否值得信賴。接著，撰寫具體案例的重點在於，以作者的親身經歷為基礎，做足調查、取得具體細節，以及向相關人士取材。最後，撰寫文章的目的，是透過文章為刊載文章的網路平台帶來業績。因此

圖 6-1　文字擠滿了手機視窗

分行重整句子，讓文章讀起來舒服、好懂。之所以有這樣的效果，是因為分行，可以避免文字擠在一起，讓資訊區塊一目瞭然。

那句子跟句子之間，該如何換行和空行呢？這個問題沒有明確的正確答案，依據不同的目標讀者群和媒體經營者的喜好，而有不同的做法。以我個人的主觀經驗來說，操作方式大致如下。

- 換行、空行多→媒體風格給人的印象輕鬆，文章像部落格文，重視易讀性，資訊量偏少。
- 換行、空行少→媒體風格給人的印象嚴肅，資訊量偏多。

煩惱不知道什麼時候該換行或空行時，建議可以在輕鬆和嚴肅的媒體風格之間取得平衡，「電腦螢幕兩三行左右，就可以換行和空行」。

■ 增加引號數量

想在文中以視覺的方式傳達或強調重點時，可以使用標點符號的「引號」。

- 因此動筆前，思考平台期望讀者採取什麼行動非常重要。

↓

- 因此動筆前，思考平台「期望讀者採取什麼行動」非常重要。

使用引號，為文章增添視覺效果，可以讓文章想表達的資訊，更容易傳達給讀者，而且做法很簡單，只要加個引號就可以了。只不過，也有媒體經營者不喜歡文章加太多引號，所以如果業主有提供撰文規範，就依據規範走，或參考一下平台上已公開發布的文章。不過，從易讀好懂的角度來看，就算媒體平台有自己的規則，我也會跟業主商量「請讓我多多使用引號」。

■「增加空白」的文章會產生何種變化？

修改前

擬定文章結構時，根據、具體案例以及期望讀者採取的行動是考量的重點。首先，根據是能否說服讀者的重點，因此支撐文章的根據，必須仔細查核是否值得信賴。接著，撰寫具體案例的重點在於，以作者的親身經歷為基礎，做足調查、取得具體細節，以及向相關人士取材。最後，撰寫文章的目的，是透過文章為刊載文章的網路平台帶來業績。因此動筆前，思考平台期望讀者採取什麼行動也非常重要。

修改後

擬定文章結構時，根據、具體案例以及期望讀者採取的行動是考量的重點。

首先，根據是能否說服讀者的重點，因此支撐文章的根據，必須仔細查核是否值得信賴。

接著，撰寫具體案例的重點在於，以作者的親身經歷為基礎，做足調查、取得具體細節，以及向相關人士取材。

最後，撰寫文章的目的，是透過文章為刊載文章的網路平台帶來業績。因此動筆前，思考平台期望讀者採取什麼行動也非常重要。

步驟三：再增加更多空白（條列式）

當文章出現「蘋果、香蕉、橘子」這類並列資訊時，盡可能以「條列」的方式敘述。條列式分點可以讓文章的外貌產生變化，帶來動感的視覺效果，讀者閱讀起來也比較不容易膩。再者，增加文章的空白，不但可以減少文章「讀起來好像很辛苦」的印象，更能凸顯出文章的重點。

> 擬定文章結構時，「根據、具體案例以及期望讀者採取的行動」是考量的重點。
>
> ↓
>
> 擬定文章結構時，必須考量以下三個重點：
>
> 1. 根據
> 2. 具體案例
> 3. 期望讀者採取的行動

另外，也要讓條列式分點的項目「整齊一致」，視覺上把相似的資訊並列在一起，讀者更好吸收理解。以上面的例子來說，「根據、具體案例」，最後一個修改為「行動」，讓資訊全部都以單詞並列。

> 擬定文章結構時，必須考量以下三個重點：
>
> 1. 根據
> 2. 具體案例
> 3. 行動

條列式分點後，文章看起來更好閱讀了對不對？

■ 再增加更多空白，文章會產生何種變化？

修改前

擬定文章結構時，根據、具體案例以及期望讀者採取的行動是考量的重點。

首先，根據是能否說服讀者的重點，因此支撐文章的根據，必須仔細查核是否值得信賴。

接著，撰寫具體案例的重點在於，以作者的親身經歷為基礎，做足調查、取得具體細節，以及向相關人士取材。

最後，撰寫文章的目的，是透過文章為刊載文章的網路平台帶來業績。因此動筆前，思考平台期望讀者採取什麼行動也非常重要。

修改後

擬定文章結構時，必須考量以下三個重點：

1. 根據
2. 具體案例
3. 行動

首先，根據是能否說服讀者的重點，因此支撐文章的根據，必須「仔細查核是否值得信賴」。

接著，撰寫具體案例時，要留意以下三點：

- 以作者的親身經歷為基礎。
- 做足調查、取得具體細節。
- 向相關人士取材。

最後，撰寫文章的目的，是透過文章為刊載文章的網路平台帶來業績。因此動筆前，思考平台期望讀者採取什麼行動也非常重要。

Section 02

下標的基本訣竅（通用）

「擬定標題」的技巧滿坑滿谷，但你是不是覺得有點多到不知道該怎麼用呢？所以，這裡我想介紹給各位的是最基本一定要做到的技巧。以下彙整的下標訣竅，不僅適用於 SEO 文或是採訪文，也可以應用在各種不同的文章，極力推薦。

標題如實呈現文章內容

標題指的就是，如實呈現文章內容的「題名」（**圖 6-2**）。

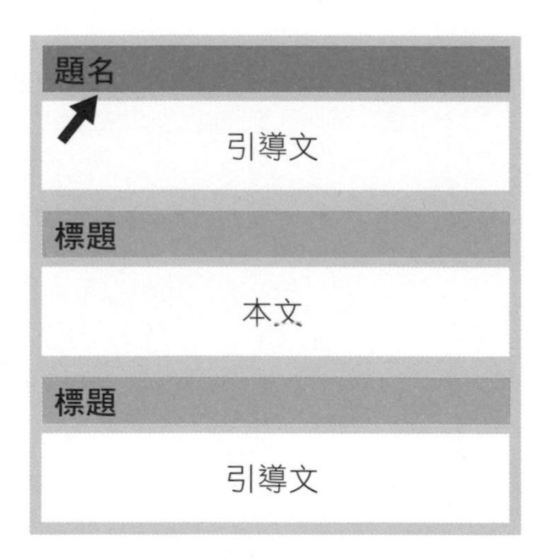

圖 6-2 文章的「題名」就是「文章標題」

「題名」非常重要，就算文章內容再好，若文章的標題吸引不了人，讀者也不會想點開文章來看。那文章的標題又該怎麼下呢？接下來將介紹思考文章標題的方法。

基本原則就是傳遞「針對誰、可以解決什麼煩惱」的資訊

擬定文章標題的基本原則就是，要能夠傳遞文章「針對誰、可以解決什麼煩惱」的資訊給讀者。這裡希望各位回想一下，第二章提到的「目標讀者群、核心訊息、行動」。首先，文章針對的對象，應該是「想做〇〇，卻有××煩惱的□□人」。接著希望各位回想一下訂定文章標題時的另一個重點，文章標題必須傳遞的訊息是「核心訊息」，也就是「文章最想傳達的訊息」，因此在熟稔文章寫作之前，建議直接應用下面的原則來擬訂標題。

以下舉下例說明，如何為文章下標題。

- **目標讀者群**

  想導入會計系統，卻不知道該從何評估的公司會計負責人。

- **核心訊息**

  評估會計系統的費用時，除了系統的初期費用之外，也必須考量「系統維護的費用」。

- **文章標題**

  公司會計必讀：導入會計系統時，一定要評估系統維護的總金額。

① 寫清楚「文章是為誰而寫」

首先，標題的開頭必須清楚表達「文章是為誰而寫」。標題要把目標讀者放進去，例如：「專為～～而寫」、「給～～的你」、「～～必看」等等。因為讀者再忙碌，看到有人點名自己，也會不自覺的點開文章來看。相反的，如果文章讓人覺得「跟自己無關」，文章就很容易遭到忽略。

但有些人可能會覺得「標題把對象限定得狹窄，閱讀文章的人會不會減少啊？」實際狀況其實是相反的，明確清楚文章的目標讀者群沒有什麼問題。因為在資訊氾濫的時代，讀者反而不會選擇「對象廣泛的文章」來閱讀。假如分別有三個文章標題：「① 會計系統的挑選方法、② 專為會計負責人而寫，會計系統的挑選方法、③ 專為資訊系統負責人而寫，會計系統的挑選方法」。假如讀者是會計負責人應該會選擇 ②；資訊系統負責人應該會選擇 ③；而「企業老闆」和其他目標讀者則應該會選擇 ①。

但假如競爭對手發現有機可趁，寫了篇「專為企業老闆而寫」的文章的話，讀者就很有可能不會選擇文章 ①。內容過於發散的文章，是贏不了專精且深入的文章的，正因為如此，撰寫文章時，必須選定好目標讀者是誰。雖然把目標讀者抓得太狹隘不是很好，但這很難拿捏，所以總而言之，先從「確實訂定出目標讀者」開始做起吧。

此外，若每一篇文章標題的開頭都是「專為〇〇而寫」，看起來可能會很不自然。等撰寫文章的經驗累積到一定程度之後，可以進階精煉標題，閱讀「訂定文章標題的方法」等相關書籍和文章，或是市場調查一下，什麼樣的標題會讓自己不自覺點開來看，研究那些文章的標題「什麼地方吸引自己」。一開始不完美沒關係，重點在於持之以恆，希望大家先參考本書提供的基本原則，細水長流地持續寫作，若能幫助大家堅持下去就太好了。

② 連結到讀者的疑問

另一個擬定文章標題的重點就是，標題要讓目標讀者覺得「這篇文章似乎可以解決自己的煩惱」。

因為就算清楚讓讀者知道「這篇文章就是在寫自己」，如果未能讓讀者覺得可以從文章中得到好處，例如「感覺很有用、好像可以解決煩惱」等等，讀者就不會願意點開閱讀。比方說，假如原本的文章標題為「專為導入了會計系統，卻不知道該如何評估會計系統的企業會計負責人而寫」，就修改成「導入會計系統時應評估之○大項目」。可以試著先把前面擬定好的文章核心訊息，反映到文章標題看看。

順帶一提，假如你自己看了看文章標題，覺得「這個標題我看了可能不會想點開來看……」的話，就依照下列方法精煉一下文章標題。

● 隱藏結論

專為會計而寫：導入會計系統時應評估系統維護費用的總額

↓

專為會計而寫：導入會計系統時應評估的項目

● 強調語氣

專為會計而寫：導入會計系統時應評估的項目

↓

專為會計而寫：導入會計系統時必評估意料之外的項目

● 潤飾

專為會計而寫：導入會計系統時必評估意料之外的項目

↓

專為會計而寫：導入會計系統時必評估「意料之外」的項目

Section 03

推敲的技法

這裡的「推敲」指的是，確認「文章的內容有無錯誤、有沒有其他更好的表達方式」等等。本章節將介紹文章寫完後推敲文字的方法。

為何推敲是必要的？

為何文章寫完後必須推敲文字呢？因為寫完，**放著冷卻後再次審視文章，可以發現很多必須修改的地方，而那是寫的當下察覺不到的。**尤其是錯字漏字、字型大小不一致、專有名詞或數字有誤等等，這些錯誤很有可能會嚴重影響讀者、業主和媒體經營者對自己的評價。因此，仔細推敲文字是有必要的。

那推敲文字又該怎麼做呢？具體來說有以下兩個做法。

- 用電腦以外的裝置做確認。
- 朗讀文章。

■ 用電腦以外的平台裝置做確認

第一個推薦的文字推敲方法是「用電腦以外的平台裝置做確認」。嚴格來說，應該是「用撰稿以外的平台裝置做確認」。

用跟平常完全不同的螢幕做確認，文章看起來會變得不太一樣，更容易發現文章的錯誤。具體來說，建議可以用手機，或是把文章印出來用紙本做確認（圖 6-3）。

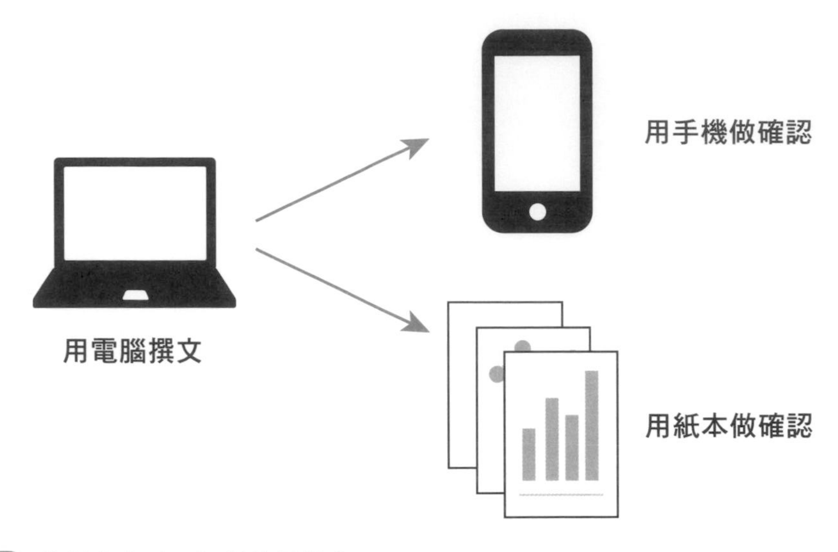

圖 6-3 推敲文字時，記得換個媒介

現在有許多讀者都是用手機閱讀文章，因此就「讀者如果用手機來看文章，文章會呈現出什麼樣子」的意義來說，用手機做確認非常值得一試。不過，假如你是用手機寫稿，請換個手機以外的裝置做確認。

■ 朗讀文章

第二個方法則是「朗讀文章」。自己念、請別人唸，或是利用機器的朗讀功能都可以。用看的，只能帶來「眼睛的刺激」，利用聲音，能增加「耳朵的刺激」，更容易找出文章的錯誤或不自然的地方。

此外，朗讀文章時，也容易發現文字「聲音與節奏的不尋常」，就這個意義來說，非常建議朗讀文章做確認。

☕ Column　副業經驗談 04：組織化擴大整體能力

客戶介紹給我的案子數量越來越多，而且越來越多樣化，一個人單打獨鬥的模式漸漸也到達了臨界點。因此，我決定要對外找可以委案的網路寫手。但網路寫手的「招募」和「教育」讓我吃足了苦頭。案主的委案需求來自各種不同領域，要找到可以撰文的網路寫手相當困難，技能和契合度不一致的問題不斷。而且每次找人時，說明自己的作業流程也很費時間。受惠於客戶不斷找上門、案源不絕，讓我無法繼續把時間投入在一次性且短暫的招募和教育訓練上。因此那時我組織了一個名叫「寫手合作社」的網路社群，我當初的想法是「希望有更多人一起來工作，請幫幫我」。寫手合作社每個月都會舉辦「文章術、如何與客戶談判、自我行銷、針對文章給予回饋」等講座。我自己會親自分享各種成功和失敗的例子，請其他活躍於第一線的寫手來演講，跟大家分享經驗。大家當然也能在社群裡，跟其他寫手交流或商量。組織了這樣的交流社群之後，不但解決了人才招募和教育的問題，也因此得以消化更多的案件。

接案時最重要的地方還是在於「從目的逆推」來理解使用者。比方說，販售會計系統的公司，其使用者就是「購買並使用會計系統的人」。如果未能理解他們的煩惱和特徵等等，就無法寫出好的文章。因此，我放了很多心力在「使用者訪談、導入案例」的取材上。致力於取材，不僅讓取材的案件增加了，我還因此成立了專門採訪 BtoB 導入案例的製作公司「douco 株式會社」。

douco 株式會社的營業內容不是只有文章製作，若有需要，還能提供表單輸入最佳化的提案、企業白皮書的提案與製作、電子報和網路社群的經營等等，各種能夠提升業績的行銷方案。客戶「想培育自家員工經營自媒體」的需求也越來越多，因此我們也提供顧問諮詢和員工研習等服務。如前述，「從目標逆推，不斷增加解決問題所需的技能，作為自己的利器」，不斷重複這樣的過程，各種不同的技能之間就會發揮綜效。當初委託我們製作「導入案例」的公司，現在也提出「想請你們做 SEO」、「想請你們幫忙舉辦研修，改善自家的部落格」這類需求。

我在前面不斷重複提到「從目的逆推」的重要性，但這有可能只是一種思考習慣。其實我之所以養成這個習慣，是因為前一份工作的主管常常要求我「請你從目的逆推」，久而久之我就養成了這個思考習慣。

> Chapter 7

更上一層樓之「SEO的基本原則」

「SEO」是吸引讀者上門閱讀的方法之一。寫作時若能把 SEO 的概念放進去，不但能吸引更多顧客，也更容易創造出成果。本章將詳細說明寫作時的 SEO 原則。

Section 01

SEO 就是搜尋引擎的最佳化

在網路上寫文章，一定會碰到 SEO。一開始根本不曉得 SEO 的用意，聽到業主來委託「請幫我寫篇 SEO 文章」而感到困惑不已的人應該很多吧。因此，本章將介紹 SEO 重點中的重點，一開始只要做到這些就夠了。

SEO 到底是什麼？

SEO 是「Search Engine Optimization」的略稱，指的是搜尋引擎的最佳化。只要先把 SEO 理解為「讓文章出現在搜尋排名前幾名的各種手段」就可以了。

■ 搜尋排名的前幾名

「搜尋排名的前幾名」指的是，文章或網站顯示於搜尋引擎（主要是 Google）搜尋結果的第一頁（1~10 名）（**圖 7-1**）。讀者和使用者利用關鍵字做搜尋時，大多會從搜尋排名較前面的網頁開始看起。因此搜尋排名越前頭，就越有機會被使用者所看到。此外，搜尋結果的最上方通常是廣告，並不包含在 SEO 搜尋排名的前幾名裡。

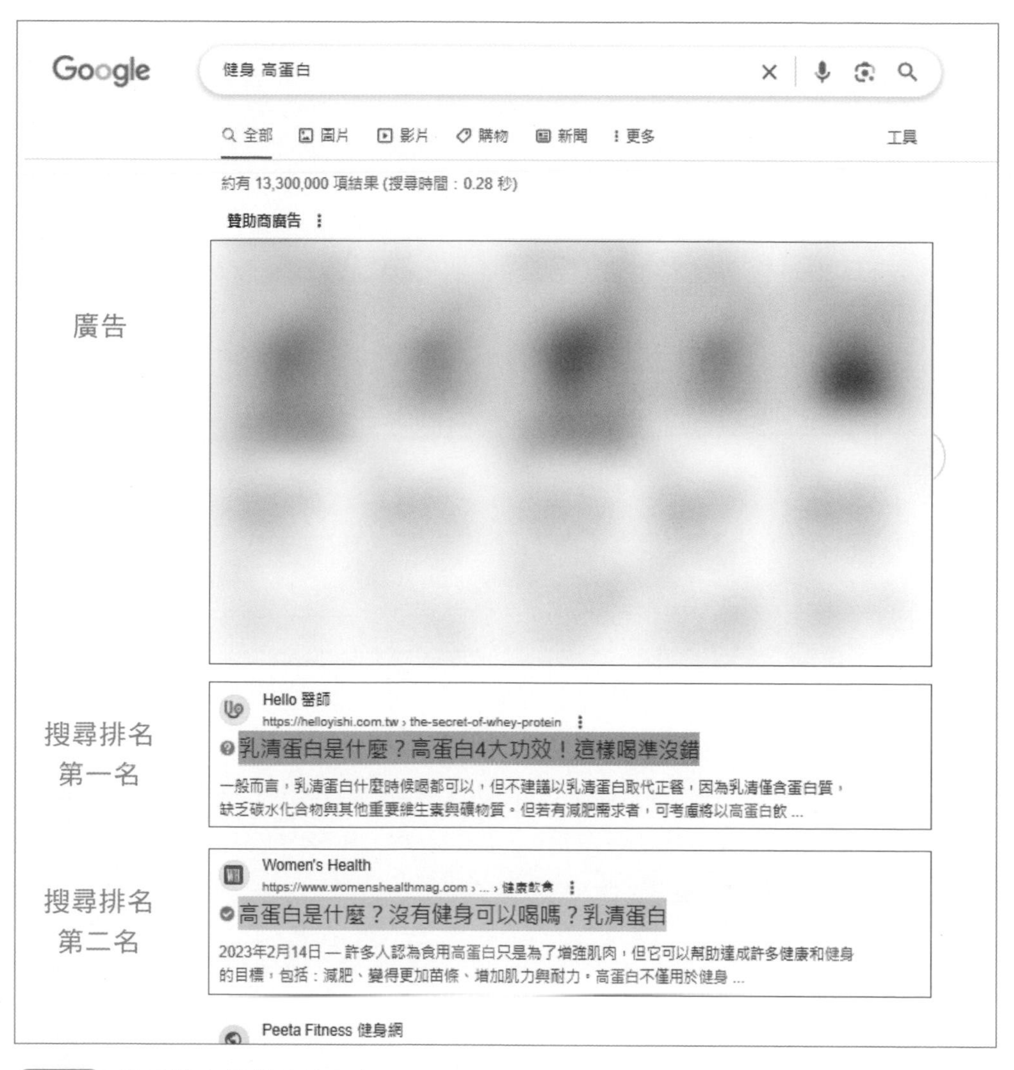

圖 7-1 搜尋排名前幾名的內容

SEO 的目標

SEO 基本上是「吸引讀者」的手段。好不容易把文章寫好，卻沒有人看的話，一點意義也沒有，不是嗎？想讓更多人閱讀文章，文章就要讓更多人看，而讓更多人看到的「手段之一」就是 SEO。此外，還有廣告、社群網站、電子報等等方法。

■ SEO 的注意事項

在介紹 SEO 的具體方法之前，我想先說明實行 SEO 時，必須注意的三個事項。實行 SEO 策略時，是否留意了這些注意事項，會帶來截然不同的結果。

注意事項 ①：搜尋排名可以持續名列前茅只是幻想

第一個注意事項是 SEO 的持續性。我曾看到有人說，「只要做好 SEO，搜尋排名擠進一次前幾名，就可以不斷曝光」。這只是在幻想，因為搜尋排名前幾名的文章會不斷變化。Google 隨時都在修改演算法，「什麼樣的文章要排在比較上頭」的判斷基準每天都在變。Google 近幾年都很頻繁地大幅修改演算法；不久前還是搜尋排名前幾名的文章，眨眼間就跑到搜尋結果的第 2 頁、第 3 頁，甚至被丟到第 10 頁以後，這樣的例子非常多。因此，要認清「只要擠進一次搜尋排名的前幾名就妥當了」的想法，完全是在幻想。

注意事項 ②：其實 SEO 並非最重要

第二個必須注意的地方是 SEO 的優先順序。著眼於網路寫作時，大部分的人都認為 SEO 非常重要，而且不可避免。但若是為了拉提業績的網路文章，最重要的地方其實並不是 SEO。**SEO 只不過是「吸引讀者的手段」，如果吸引了許多讀者，媒體平台的銷售體制卻沒有建立好的話，SEO 一點意義也沒有。**

比方說，彙整自家公司服務可以帶來的成效的「客戶體驗」，蒐集讀者聯絡資訊的「資料下載／公司白皮書」，或是「註冊頁面／登錄頁面」等等如果沒有建置好，在東西還賣不出去的階段，吸引再多讀者前來也沒有意義。因此，

SEO 寫作時建議也要一併確認「媒體平台是否已經做好將讀者轉換成客戶的準備」。

沒做好這些準備，花費大把力氣在吸引讀者上，就跟「把水倒進破洞水桶裡」是一樣的。SEO 要視媒體平台的商業模式而定，如果像報紙媒體「吸引讀者閱讀本身就是目的」，吸引人前來瀏覽文章有其意義，那個時候下工夫在 SEO、增加曝光是有效益的。

注意事項 ③：出現成效前必須不斷投入成本

第三個要注意的地方則是成本（時間和人事費用等等）。製作了媒體，刊載了文章，在內容獲得搜尋引擎高度評價之前，必須花費大量的時間和成本。雖然要視情況而定，但「持續寫了半年以上，文章超過百篇之後才出現了點效果」的情況不時可見。文章寫到約三十篇左右時，可能會覺得「投入了這麼多成本，卻看不到成效」，很想放棄。不過，在撰寫內容時，眼光必須放遠一點，如果沒有這種決心，很有可能沒等到效果出來就放棄，最後無疾而終。因此，撰寫眼前業務推廣所需的「導入實例文章」，提升說明商品或服務文章的品質，可以說非常重要。

Section 02

SEO 寫作的基本原則

SEO 有各種不同的小技巧，但如前所述，搜尋引擎的演算法日異月新，文章的評價基準也不斷跟著變化。換句話說，「SEO 小技巧的賞味期限」越來越短。所以，讓我們先掌握 SEO 寫作的大原則吧。

1. 站在搜尋引擎的立場來思考

第一個大原則是，SEO 必須考量的基本要素「搜尋引擎」。瞭解搜尋引擎的公司（這裡的說明是以 Google 為例），為何經營搜尋引擎，他們想把什麼樣的內容放到搜尋排名的前幾名，就可以減少因搜尋引擎變更演算法而吃虧的次數。雖然因應演算法的變化，採取合宜的配套措施，使用 SEO 小技巧也很重要，但先決條件是掌握 SEO 的大原則。

首先，讓我用非常簡單的方式，來說明 Google 的商業模式，也就是它是如何透過搜尋引擎來賺錢的。簡單來說就是兩個字「廣告」。請看第 141 頁的搜尋結果，顯示於最上方的就是「廣告」對不對？

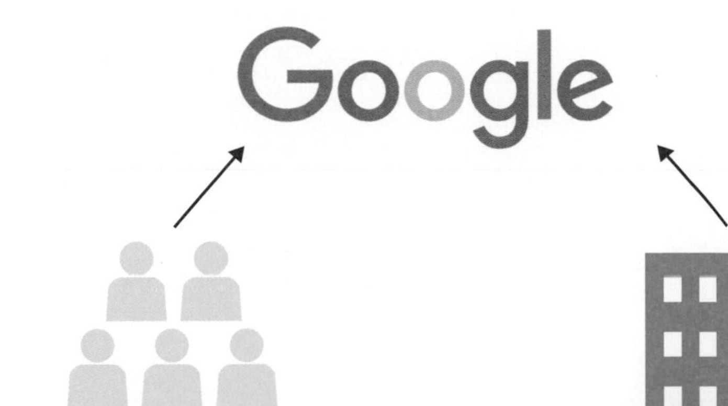

圖 7-2 搜尋引擎的賺錢機制

想在這個廣告欄位打廣告，就必須付錢給 Google，這就是 Google 的營利來源（圖 7-2）。

■ 越多人閱讀越好

當搜尋引擎的商業模式立基於廣告之上，看到廣告的人就必須越多越好。沒有公司會想花錢在沒人在看的網路空間打廣告吧。

因此 Google 努力營造出「只要有問題，上 Google 搜尋就可以解答」的環境。實際上，Google 為了讓更多的讀者使用他們的搜尋引擎，公布他們的十大信條（圖 7-3）。

1. 以使用者為先，一切水到渠成。
2. 專心將一件事做到盡善盡美。
3. 越快越好。
4. 網路也講民主。
5. 資訊需求無所不在。
6. 賺錢不必為惡。
7. 資訊無涯。
8. 資訊需求無國界。
9. 認真與否無關穿著。
10. 精益求精。

引自：「Google 十大信條」
https://about.google/intl/zh-TW/philosophy/

圖 7-3 Google 十大信條

為了讓更多人使用搜尋引擎，搜尋引擎做了非常多的努力。符合搜尋引擎經營理念的內容，就會顯示於搜尋排名的前幾名。其中最重要的就是「內容是否對使用者有幫助」，這正是 SEO 的第二個基本原則。

2. 站在讀者的立場思考

結論就是，搜尋引擎會以「能吸引更多人閱讀，而且能滿足讀者的內容或媒體」為優先。如此一來，SEO 有以下三個重點。

- 文章要有助於讀者。
- 文章要易讀好懂。
- 不能讓讀者感到不愉快。

其實 Google 的十大信條，第一條就是「以使用者為先」。另外，撇除 Google 搜尋排名的因素，若文章內容難讀不好懂、無法滿足讀者，本來就很難達成媒體目的「為事業帶來營收」。這就是 SEO 的基本原則的第三點「勿忘媒體目的」。

3. 關注媒體目的所在

撰寫再多好文章，擠進搜尋排名前幾名再多次，假如未能對「媒體的大目標」做出貢獻，老實說沒有什麼太大的意義。比方說，公司的商品服務明明是針對企業會計，卻寫了篇針對個人的記帳文章。文章寫得再怎麼出色，目標讀者群大幅偏離了原先期望的公司企業，恐怕很難達成媒體目的。因此，撰寫 SEO 文章時，必須隨時留意「這篇文章吸引讀者前來閱讀，是否真的能達成媒體的目的？」這點也會對之後的關鍵字選定，帶來很大的影響。

Section 03

訂定文章主題（關鍵字）的方法

針對 SEO，「寫什麼」要比「怎麼寫」來得重要。換句話說，「寫什麼」也就是評估「想透過什麼樣的關鍵字，擠進搜尋排名的前頭」。為方便討論，本書解說時，統一將「跟搜尋相關的關鍵字」簡稱為「關鍵字」。關鍵字的選定方法非常深奧，這裡僅就最低限度應掌握的內容做說明。

思考文章主題的流程

思考如何選定關鍵字的方法非常多，優先順序的安排也要視情況而定。但是在還不熟悉關鍵字選定的時候，建議按以下流程來思考。

- 掌握哪些關鍵字。
- 選定一個關鍵字擬定對策。
  - 考量搜尋量。
  - 試想一下，使用這個關鍵字，預設的目標讀者群是否願意閱讀文章。
  - 以最有可能帶來成效的關鍵字為優先。

■ 前提：媒體設計表格

各位還記得本書最一開始製作的「媒體設計表格」嗎？大家可能忘得差不多了，這邊再次附上一次內容（**圖 7-4**）。

選定關鍵字時，這張媒體設計表格也相當重要。

	內容	方法和思考方式
媒體目的	增加公司專用會計系統的註冊數量	跟創立媒體的負責人、主編確認
概略的目標讀者群	公司的會計負責人	思考商品或服務的目標客群，至少要釐清出目標讀者是「個人」還是「公司」
媒體主題	公司會計實用資訊	思考既可以達成目的，又有助於媒體目標讀者群的「實用內容」
文章主題清單	• 購買前的挑選方法 • 導入時的注意事項 • 運用時的注意事項 • GOH 會計系統的應用案例	• 顧客旅程 • 業界趨勢 • 常見問題 從上述開始思考

圖 7-4 媒體設計表格

掌握有哪些關鍵字

首先，**掌握「使用者用哪些關鍵字做搜尋」的資訊相當重要。**採用根本沒人用的關鍵字撰寫而成的文章，當然沒人要看，做不出成果也很理所當然，不是嗎？憑空想像使用者用的關鍵字，不僅非常困難，而且不切實際。因此，我建議使用「關鍵字規劃工具」來擬定關鍵字。關鍵字規劃工具雖然是 Google 提供的廣告運用工具，但是它不僅免費，還能取得足夠的數據，幫助你選擇關鍵字。

比方說，選定一個想研擬對策的關鍵字，上 Google 的關鍵字規劃工具做搜尋，就會顯示如下頁的頁面（**圖 7-5**）。

圖 7-5 顯示相似的關鍵字

不知道該用哪個關鍵字感到很煩惱時，可以先試著用一個詞彙（抽象也沒關係），簡單說明自家公司想販賣的商品或服務是什麼。比方說，「GOH 會計系統→會計系統」、「戴森 Dyson →吸塵器」、「星巴克→咖啡店」等等。

還有很多其他的輔助工具可以幫助你選定關鍵字，若以「能簡單向上司或客戶說明」的角度出發，建議先使用關鍵字規劃工具看看，因為「針對 Google 搜尋引擎選定關鍵字，使用 Google 提供的數據為佳」。相反的，如果是優先使用「其他家公司提供的數據，而非 Google 提供的數據」，反而很難說服人。

選定一個關鍵字擬定對策

大概掌握有哪些關鍵字之後，接下來就要來思考「要用哪個關鍵字擬定對策」。那麼，該如何選定關鍵字、擬定對策呢？以下將為各位說明，關鍵字選定的基本原則，讓你還不熟悉撰寫文章時，也能大致掌握到核心、不走偏。

■ 觀察關鍵字的每月平均搜尋量

首先，讓我們先來觀察客觀且容易判斷的「搜尋量」。每月平均搜尋量指的是「每個月大概有多少人用那個關鍵字做搜尋」，是一個概略的數字。文章寫得再好、能夠帶來再多成效，如果根本沒什麼人前來閱讀，便一點意義也沒有。

關鍵字的每月平均搜尋量，也可以透過 Google 的關鍵字規劃工具查詢（**圖 7-6**）。

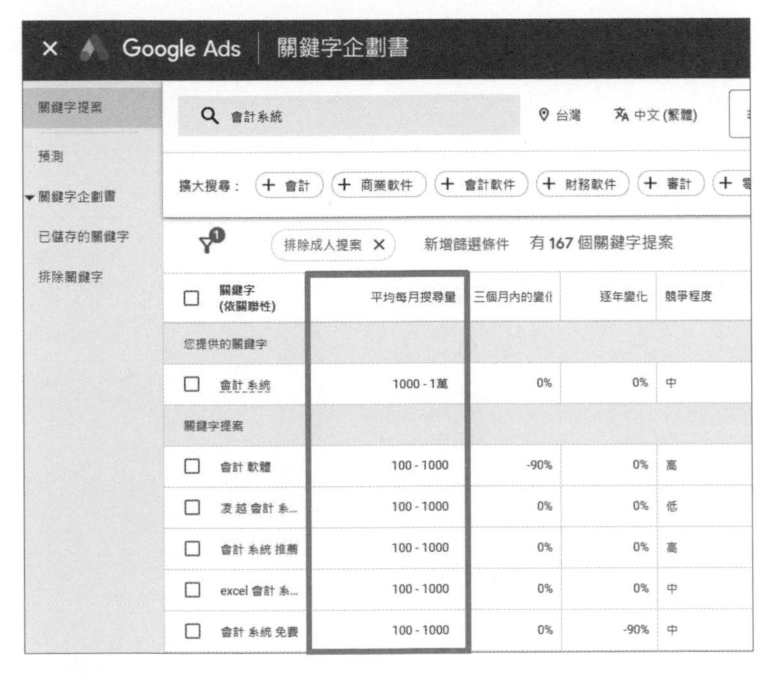

圖 7-6 掌握關鍵字的搜尋量

雖然只能看到「100 ～ 1000」這種非常概略的數字，但作為判斷基準已經非常足夠。這些數據也可以輸出成 Microsoft Excel 或是 Google 試算表（**圖 7-7**）。

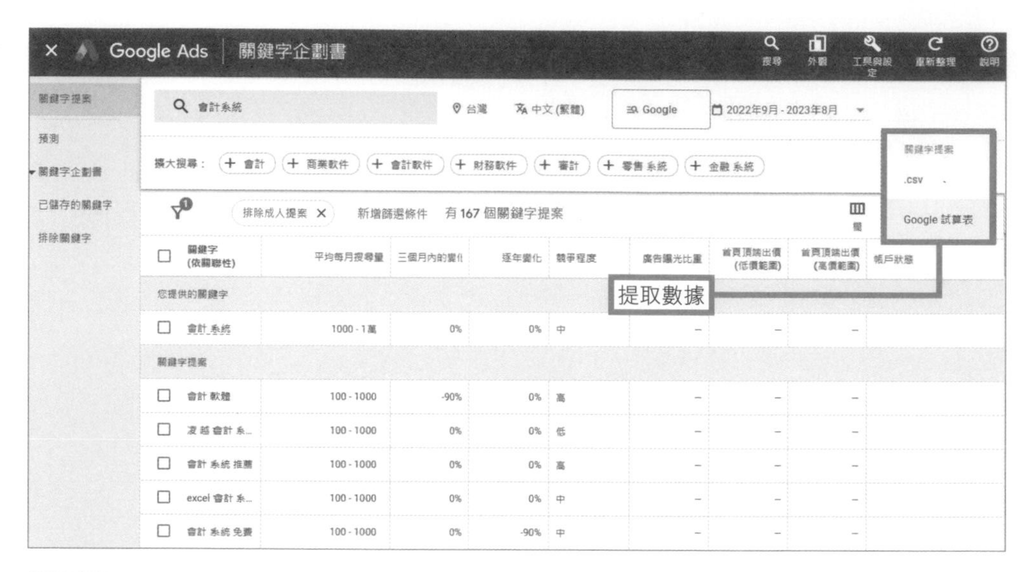

圖 7-7 提取數據

提取數據後，使用 Microsoft Excel 或 Google 試算表的篩選功能，快速地由大到小排列搜尋量的順序，確認一下搜尋量前幾名的關鍵字為何吧（圖 7-8）。

Keyword	Currency	Avg. monthly se	三個月內的變化	逐年變化
會計 系統	TWD	5000	0%	0%
會計 軟體	TWD	500	-90%	0%
凌 越 會計 系統	TWD	500	0%	0%
會計 系統 推薦	TWD	500	0%	0%
excel 會計 系統	TWD	500	0%	0%
會計 系統 免費	TWD	500	0%	-90%
啟 芳 會計 系統	TWD	500	0%	900%
捷 瑞 會計 系統	TWD	500	0%	0%
免費 excel 會計	TWD	500	0%	0%
文中 會計 軟體	TWD	500	-90%	-90%
會計 軟體 免費	TWD	50	0%	-90%
奇勝 會計 系統	TWD	50	0%	-90%
正 航 會計 軟體	TWD	50	0%	0%
文中 會計 系統	TWD	50	0%	0%
凌 越 會計 系統	TWD	50	900%	0%

圖 7-8 重新排列搜尋量的順序

■ 試想一下，預設的目標讀者群是否因關鍵字而閱讀文章

下一步則是評估，預設的目標讀者群是否會因為關鍵字而點開文章來閱讀。為避免使用錯誤的關鍵字研擬 SEO 對策，至少要釐清目標讀者群是「個人還是公司（圖 7-9），以避免商品是記帳軟體 App，卻使用針對公司會計系統的關鍵字來規劃 SEO 的錯誤。

概略的目標讀者群	公司的會計負責人	依據商品或服務的目標客群，至少要釐清出目標讀者是「個人」還是「公司」

圖 7-9 掌握目標讀者群

■ 以最有可能帶來成效的關鍵字為優先

看到這邊，你應該可以寫出能帶來成效的文章了，如果想再提升效率，可以做的就是「以購買意願高的人為優先」。方法就跟第 32 頁「決定文章主題優先順序的方法」一樣，要以能「促進讀者消費的關鍵字」為優先。假如希望閱讀文章的讀者購買會計系統，文章的主題應該要以「提升會計作業效率的方法」為優先，而非「挑選會計系統的方法」。以此為基準來思考關鍵字時，「會計系統、挑選方法」就會優先於「會計作業、效率化」。

Section 04

針對 SEO 進行調查

決定好要用哪個關鍵字撰寫文章後，接著就是進行調查。至於應該進行哪些調查，要做到什麼程度，這裡先以初學者也模仿得來的方法做介紹。

如何針對 SEO 進行調查？

研擬 SEO 對策的事前調查，是為了瞭解上網搜尋的讀者有哪些煩惱和需求，調查「現在搜尋引擎認為，什麼樣的資訊是有價值的」，以評估文章應該要放進什麼樣的資訊。以下分兩階段說明。

步驟一：從網路上做的簡單調查

我們先從可在網路上做的簡單調查開始說明，有兩種方式。

① 找出搜尋排名前幾名（第 1 到第 10 名）的文章，確認文章標題和內文標題

先以選定的關鍵字，上網搜尋排名前幾名的文章，確認文章標題和內文標題（圖 7-10）。

第一名	第二名	第三名
文章標題 ○○○○○○○	文章標題 ○○○○○○○	文章標題 ○○○○○○○
引導文	引導文	引導文
標題 ○○○○○○○○	標題 ○○○○○○○○	標題 ○○○○○○○○
本文	本文	本文
標題 ○○○○○○○○	標題 ○○○○○○○○	標題 ○○○○○○○○
本文	本文	本文

圖 7-10 搜尋排名前幾名的文章，確認文章標題和內文標題

調查排名前幾名的文章，為的是瞭解「讀者想透過那個關鍵字，取得什麼樣的資訊」（搜尋意圖）。

「想透過搜尋引擎，取得什麼樣的資訊」，這本來就因人而異。但這次的主題是「針對 Google 的 SEO 對策」，換句話說**「掌管 SEO 的搜尋引擎，所認定的讀者搜尋意圖」就是「SEO 對策的正確答案」**。當 Google 判斷「這個內容符合使用者的搜尋意圖」時，文章就會出現在 Google 搜尋排名的前幾名（**圖 7-11**）。

既然如此，假如我們的目標是擠進 Google 搜尋排名前幾名，而現在 Google 判斷，這樣的文章應該要放在搜尋排名前頭的文章，那麼它的內容應該很值得我們參考，對吧？

調查別人文章的SEO對策，當然只是作為參考，絕對不可以完全複製別人寫的文章。

搜尋排名前幾名的文章 ＝ Google 認定的好文章

如果希望文章獲得 Google 良好評價，搜尋排名前幾名的文章，是非常好的參考對象。

圖 7-11 參考搜尋排名前幾名文章的理由

調查別人文章的 SEO 對策，當然只是作為參考，絕對不可以完全複製別人寫的文章。

搜尋到排名前幾名文章後，接著就是複製文章的標題，貼到 Google 文件或 Word 等工具上。雖然調查的文章越多，可以參考的資訊和切入點越多，但一開始先查個三到五篇文章就夠了。

■ 先不要閱讀本文

在這個階段，只要掌握到排名前幾名文章的概略就可以了，我都會刻意不去閱讀本文。因為「寫文章時很容易受到影響、全部讀完很花時間」。

就我個人而言，如果繼續往下閱讀文章本文，會發生這樣的問題：開始撰稿時，因為閱讀後的記憶鮮明，寫出來的東西，會跟讀到的文章很相似。而且我閱讀文章時很容易分心，常常多次跑去看文章介紹的或跟調查無關的其他文章、點廣告、網路購物，等到回過神來，發現自己在瀏覽社群網站。

我一直很想改掉這個壞習慣，但只要點開文章來看，就會花費很多時間在閱讀上或是跑去做別的事情。最後我想到的辦法就是，使用「文章標題的提取工具」。比方說，使用名叫「海獺關鍵字」（ラッコキーワード）的關鍵字分析工具進行搜尋，就可以不用點開文章，直接提取出文章的標題（**圖 7-12**）。只看標題，能大幅減少被廣告等其他東西吸引的機率。

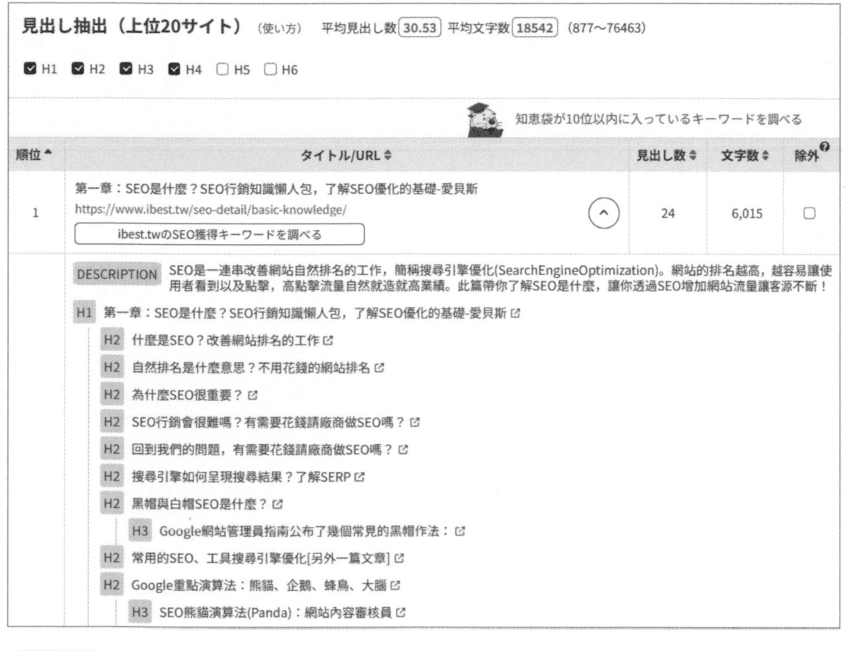

圖 7-12 提取文章的標題

② 調查「推薦關鍵字」

接著是調查「推薦關鍵字」。推薦關鍵字指的是，搜尋引擎向使用者推薦搜尋關鍵字，概念如同「搜尋〇〇的人，也用這些關鍵字做搜尋，您或許也對這樣的內容有興趣」(**圖 7-13**)。

圖 7-13 搜尋關鍵字的建議

以上圖 7-13 為例，用「原子筆　推薦」搜尋的人，也會用「商用、學生、高級、好寫」等關鍵字做搜尋，換句話說，使用者也對那樣的內容有興趣。至少搜尋引擎是如此判斷，所以別忘了也要把這些關鍵字筆記起來。

除此之外，文章 SEO 對策的事前調查，還有其他相關的關鍵字、常見問題網站、評論等等有幫助的資料。不過，現階段建議在寫作前，確實做好兩種簡單的調查可以了。

步驟二：費時費力的事前調查

下一個階段，將介紹花費較多時間與成本，但成效較高的調查方法。

■ 實際體驗

如果想認真做調查的話，我非常建議「實際體驗商品或服務」。把實際體驗後，發現到的事情寫進文章裡，文章便能「搔到癢處」，提升讀者對文章的滿意度。我曾寫過一篇「A 網站購物體驗文」。我實際上 A 網站購物，發現他們商品的出貨包裝之細心謹慎，讓我非常吃驚。而且 A 網站有不少高價的商品，許多人會在 A 網站購物送禮，所以我寫到他們家出貨包裝很仔細，就有讀者熱烈回響：「『跟其他網站相比，A 網站的包裝很仔細』的資訊非常實用，讓我很安心地在上頭購買送人的禮物」。這樣的資訊應該很難在網路上找到，不實際體驗看看根本不會知道。

而且有時網路上的資訊，也會有太舊不堪使用的情況。網路上真的有不少介紹系統操作方式的文章，不過，上面介紹的資訊會隨著時間流逝而變得老舊。如果誤用了那樣老舊的資訊，寫出來的文章，很有可能會傷害自家媒體平台的信譽。

從獨創的角度來看，實際體驗具有提升 SEO 的效果。Google 也表明「提供獨創且實用內容的高品質網站，將顯示於搜尋排名的前頭」（引自：Google 搜尋中心網誌《提升日文網頁的搜尋排名》)。比方說，剛才實際網購的例子，如果拍攝了開箱影片，就會是其他文章沒有的獨家資訊。想取得第一手的獨家資訊，就要重視「實際體驗」。

假如你是外包寫手，購買商品或註冊使用服務產生費用時，可以事先跟客戶商量看看，「這部分可以申請經費，算進酬勞裡嗎？」我想大部分的客戶應該都願意出這筆錢。

■ 顧客資料

接著，盡可能蒐集商品和服務相關的業務推廣資料、公司簡介等等資料。這些資料大多是由公司內部的人，從無到有寫出來的，並沒有為搜尋引擎所收錄。也就是說，**那些資料的獨創性很高，是提升文章 SEO 效果的極佳素材。**另外，蒐集顧客資料也可以同時掌握清楚，經常用於行銷的商品或服務強項在哪，這些都可以作為文章內容的素材。

相反的，不知道商品或服務的強項在哪，寫出來的文章很有可能會扯媒體的後腿。比方說，雖然自家商品的價格昂貴，相應功能卻超出預期，高功能是商品的強項，然而文章卻建議讀者「先買便宜的試試看」。這個時候，就算讀者閱讀了文章，恐怕也很難把商品賣出去，無法達成媒體原本的目的。投入成本製作了文章，卻可能帶來負面效果。

就算自己是外包的寫手，也盡可能請客戶提供他們商品和服務的相關資料。我都會這樣向客戶說明：

「為了寫出能展現貴司優勢的文章，請問有跟競爭對手的商品比較、展現貴司強項的業務推廣資料嗎？方便的話，除了公司和商品簡介以外，如果也能提供這方面的相關資料，會非常有幫助。」

向業主提出這樣的請求時，只要事前簽訂保密合約，大部分的業主都不會拒絕。想取得這類資訊的態度，反而能獲得客戶的良好評價。因此，請盡可能想辦法蒐集第一手資料。

■ 書本、雜誌、論文

紙本媒體的資訊也很值得參考。尚未在網路上流通的資訊，有助於 SEO。尤其是從 SEO 獨創性的角度來看，搜尋引擎涵蓋範圍內沒有的資訊，全都是獨創的資訊。換句話說，**紙本有寫到，網路上卻沒有的資訊，對搜尋引擎來說就是獨創的資訊**，而且書本雜誌經過出版社編輯之手，資訊的可信度較高。

只不過書本論文上寫的東西，未必百分之百正確，切勿囫圇吞棗照單全收。有個地方要特別留意的就是，那本書是不是依據第一手資料撰寫而成的。比方說，有兩篇文章在講某大企業的人資，「那間公司的人資親自現身說法」和「外部人士針對那間公司的人事雇用進行評價」的可信度可是截然不同。後者的文章內容大多沒有根據，就我個人的經驗，過去在調查資料時，還真的看過有些書裡面提到完全沒有任何根據的資訊。

撰寫文章的是人，校閱文章內容的也是人。無論是哪種媒體，都不能因為「書上這樣寫就是對的」，一定要從「自己是否能認同接受」來思考。那本書提出的主張，其依據為何？支持那個主張的依據，那個數字是怎麼算出來的？計算的方法可信嗎？

另外，參考翻譯自海外的書本或論文等出版品時，也要特別小心。因為翻譯過程中，有時文章內容會扭曲變形。建議參考翻譯出版品時，一定要對照原書。

閱讀書本和雜誌時，建議可以利用電子書和雜誌的「暢讀服務」。利用「暢讀服務」，不僅能以實惠的價格取得大量的資訊，也不必花時間去書店、無須騰出空間收納書本，好處很多。

■ 直接跟相關人士請教

我也很推薦直接跟提供商品或服務的相關人士請教。如果想找人詢問自家商品，可以找開發商品的部門、客服等熟悉商品的人請教。這樣做，寫出的文章具有別人沒有的獨創內容，能發揮原創性、提升 SEO 效果。

而且，**公司內部人員所提供的資訊，可信度也很高。**再者，直接請教相關人員，可以取得「針對今後商品的開發，請你這樣寫」、「希望你不要這樣寫」、「這樣寫比較容易抓住客戶的心」等資訊，帶來良好的業績效果。

假如你是公司外包寫手，可以直接詢問業主的公關部，或是跟在那間公司服務的熟人請教。

■ 問卷調查

我也很建議做問卷調查。透過問卷蒐集消費者的使用經驗，獨家的第一手資料能為 SEO 帶來效果。比方說，假如文章企劃是「聆聽一百位企業會計負責人的使用心得」，**自行發問卷做調查，撰寫而成的文章當然具有獨創性。**此外，把問卷調查的結果做成圖表，視覺化的資訊更容易傳達給讀者。製作圖表雖然很花時間和成本，卻能提升文章的價值，不僅能讓更多媒體引用文章，也有機會吸引大眾媒體前來取材。文章在外部獲得好評，也能提升 SEO 的效果。

問卷調查有很多種方法，你可以使用推特的問卷功能、群眾外包式的網路問卷，或是使用市調服務等方式進行問卷調查。

Section 05

擬定 SEO 文章的架構

使用搜尋引擎應該可以發現，研擬 SEO 對策時，文章架構的安排非常重要。本章節將為各位說明，如何擬定 SEO 文章的架構。

擬定 SEO 文章架構的三個步驟

SEO 文章架構的擬定分為三個步驟，以下將針對各步驟分別說明。

步驟一：網羅調查內容。

步驟二：整理調查內容。

步驟三：確認文章的架構和順序安排。

步驟一：網羅調查內容

為避免遺漏必要的資訊，先擬定一個可以配置所有資訊的架構，就像把所有蒐集到的素材放在桌上一字排開。以下說明具體方法。

① 將蒐集到的資訊分門別類

蒐集到的資訊非常多，也很雜亂無序。為了將紛雜紊亂的資訊製作成文章，請先把相似的資訊分成一類。

這裡以目標關鍵字「原子筆　推薦」為例，一起來思考 SEO 對策。以下將整理調查排名前頭的競爭者文章、Google 推薦關鍵字與其他蒐集到的資訊。

■ 調查排名前頭的競爭者文章

假設用關鍵字「原子筆　推薦」搜尋，搜尋排名前三名的文章內文標題如下。

第一名：原子筆挑選方法、原子筆推薦 10 款、實際使用心得

第二名：原子筆挑選方法、原子筆推薦 8 款、常見問題

第三名：原子筆挑選方法、原子筆推薦 15 款、原子筆的歷史

讓我們試著將上述內容分門別類（**圖 7-14**）。

上述各文章的內文標題

第一名：原子筆挑選方法、原子筆推薦 10 款、實際使用心得
第二名：原子筆挑選方法、原子筆推薦 8 款、常見問題 Q&A
第三名：原子筆挑選方法、原子筆推薦 10 款、原子筆的歷史

將內容分門別類如下

- 原子筆挑選方法
- 原子筆推薦〇款
- 實際使用心得
- 常見問題 Q&A
- 原子筆的歷史

圖 7-14　依據標題內容分門別類

實際的標題當然不會像這樣如此相似，當你不曉得是否要分成同一類還是分開時，拆成不同的標題當然也沒關係。實際撰寫文章時，只要「這幾個的內容應該一樣吧」，順著感覺去統整就可以了。

■ 確認 Google 推薦關鍵字

假設調查到的 Google 推薦關鍵字如下。

- 原子筆 推薦 商務
- 原子筆 推薦 高級
- 原子筆 推薦 學生
- 原子筆 推薦 讀書

接著將這些內容分門別類（圖 7-15）。

推薦關鍵字

・原子筆　推薦　商務
・原子筆　推薦　高級
・原子筆　推薦　學生
・原子筆　推薦　讀書

將這些關鍵字分門別類後如下：

・針對學生　　（原子筆　推薦　學生、原子筆　推薦　讀書）
・針對社會人士（原子筆　推薦　商務、原子筆　推薦　高級）

圖 7-15 依據關鍵字將內容分門別類

此外，假如有 Section 04 的步驟二「費時費力的事前調查」，也請將蒐集到的獨家資訊如上述分門別類、按順序排列資訊。

② 先製作一個可以網羅所有資訊的文章架構

在 ① 做好分類之後，接著先試著製作一個可以配置所有資訊的文章架構吧。搜尋排名前幾名的資訊≒獲得 Google 評價的資訊，只要網羅這些內容，便可以預期得到良好的 SEO 效果。更重要的是，製作方式很簡單，非常推薦還不熟悉 SEO 文章架構擬定的人使用。

比方說，以下以目標關鍵字「原子筆　推薦」為例，製作配置所有資訊的 SEO 文章架構（**圖 7-16**）。

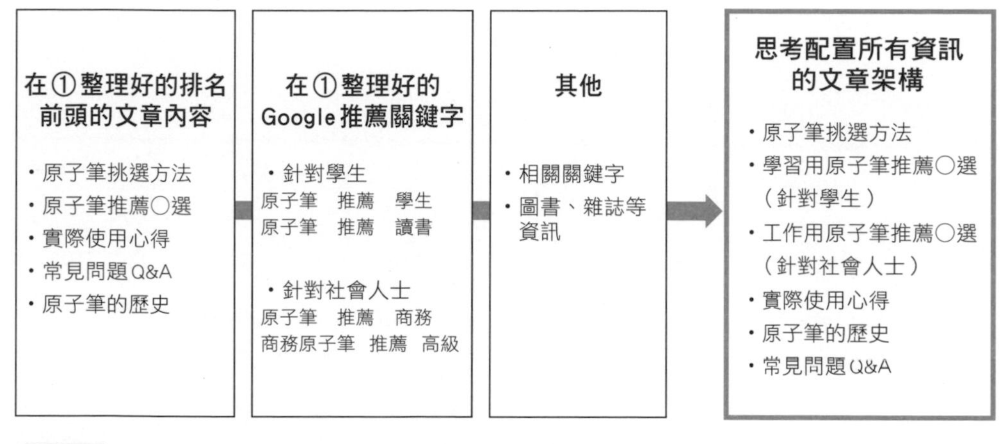

圖 7-16　製作配置所有資訊的文章架構

這裡希望大家要注意的地方是「這些真的涵蓋了所有資訊了嗎？真的清楚回答了讀者的問題了嗎？」能完整地回答讀者問題的文章架構，是最理想。因此，盡可能讓文章架構接近理想狀態後，再來進行細部調整。

步驟二：整理調查內容

① h2（大標）的內容按順序整理

將步驟一分好類的標題（h2），按順序重新排列，製作出如下圖的文章大綱（**圖 7-17**）。

假如「**咖哩做法**」的文章
有以下內容：

・切食材
・擺盤
・加水和咖哩塊燉煮
・炒食材

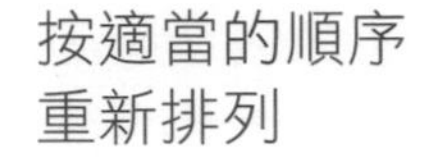

按適當的順序
重新排列

1. 切
2. 炒
3. 燉煮
4. 盛盤

圖 7-17 文章大綱的結構

思考如何適當安排大標的順序，建議可以想像，如果預設目標讀者群直接找自己商量時，自己會按照什麼樣的順序回答。如果讀者向自己請教，應該要儘早回答對方的煩惱或想知道的事。所以盡可能把回答，安排在文章前面一點的地方（**圖 7-18**）。

在安排標題順序時，也會有很多新發現，例如「這個內文標題（h2）可能不需要；增加這樣的標題（h2），應該可以讓文章變得比較好懂」，因此建議整理標題順序時，可以同時整理內容。

整理內容時，只要刪掉「明顯不需要」的內容就可以了。另外，如果不知道要不要把搜尋排名前頭文章的內容放進去時，先放進文章架構裡比較保險。文章架構細微的增減，等熟悉 SEO 文章架構的擬定後，再來做就行了。

當資訊不足或思考文章是否具體時，可以回頭參考第 57 頁 PiREmPa 思考順序的部分。

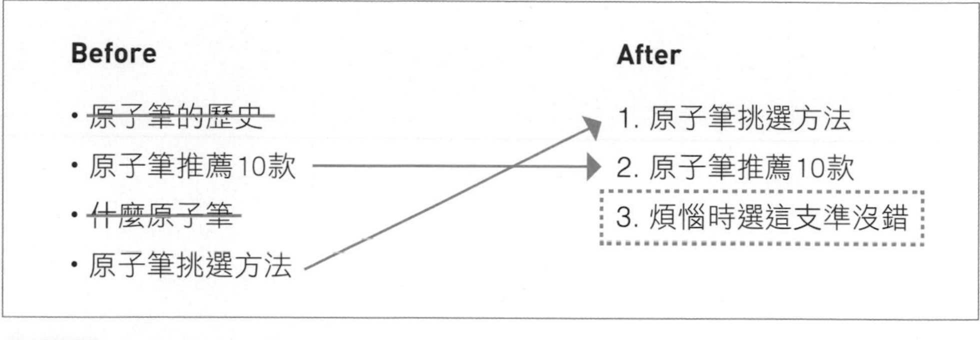

圖 7-18 整理內容和順序

② 擬定小標（h3）

擬定小標（h3），也就是把大標（h2）拆得更細。大標內容過多時，就要將內容拆解細分，以下舉例說明。擬定小標的方法，跟擬定大標架構時的順序相同：網羅所有調查到的內容、筆記、整理筆記的內容（**圖 7-19**）。

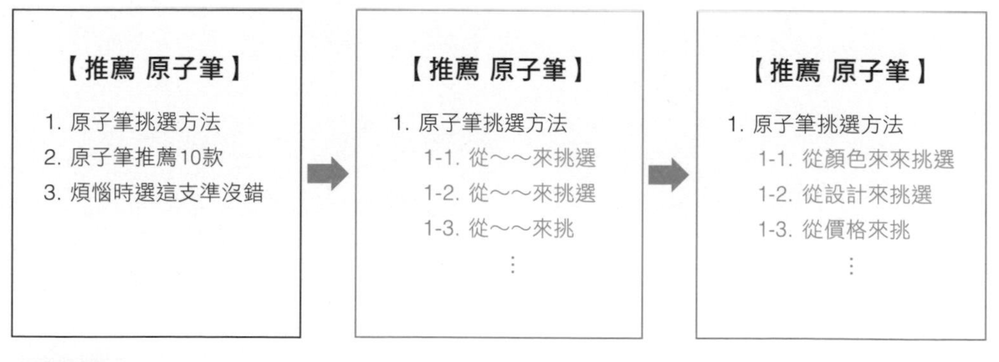

圖 7-19 擬定小標的流程

以「原子筆的挑選方法」為例，擬定大標的流程如下。

- 以「原子筆的挑選方法」為主軸，蒐集詳細資訊（上網搜尋或閱讀書籍等等）。

- 搜尋時，用「原子筆　挑選要點」、「原子筆　挑選方法」等關鍵字組合來搜尋（想不到關鍵字的時候，可以直接拿標題去搜尋。例如：拿標題「原子筆的挑選方法」去做搜尋）。
- 整理蒐集到的資訊（分門別類、排列順序、整理內容）。

步驟三：確認文章內容與順序

當文章架構成型後，接著要來確認「內容會不會太多或太少」，可以參考第三章 PiREmPa 的內容來整理資訊。

依據 PiREmPa 模板確認「結論、補充資訊、理由根據、具體案例、具體對策、結論、期望讀者採取的行動」的內容是否充分。特別是「文章提供的方法讀者是否有辦法模仿」容易遺漏，一定要確認「m（具體對策）」裡是否包含這點。

熟悉了之後，就試著憑己力擬定文章架構

為了讓還不熟悉撰寫 SEO 文章的人也能夠輕鬆模仿，以上介紹的步驟是「先蒐集資訊，再擬定文章架構」。

熟悉了這個方法之後，可以繼續往下挑戰「在調查資訊之前，先想辦法自己擬定文章架構」。不參考其他文章或外部資訊，反而能夠深入思考「讀者有什麼樣的煩惱、讀者想得到什麼樣的資訊、文章內容應該以什麼樣的順序來表達」等問題，把焦點百分之百放在讀者身上，擬定出文章架構。

擬定好暫定的文章架構後，再開始著手調查，進一步改善文章架構。透過這樣的流程，不但能更精確地回答讀者的問題，也能相對輕鬆地蒐集到 SEO 所需的內容，擬定出完整的文章架構。

Section 06

撰寫本文

SEO 的文章架構擬定好之後，接著就要正式開始撰寫本文。但撰寫本文要使用的資訊，還沒詳細調查對不對？以下將說明，如何調查撰寫本文時所需的資訊。流程大致上跟第五章 Section01〈本文的撰寫方式〉一樣，本章節將一邊為各位複習，一邊說明撰寫 SEO 文章必須留意的事項。

步驟一：蒐集撰寫本文所需的資訊

第一個步驟是蒐集資訊。這裡要依據標題，調查撰文時所需的資訊。

■ 依據標題，調查並條列出撰文時所需的資訊

這裡擬定好的東西，應該只有文章的架構而已，因此在撰文前，必須先蒐集「撰寫本文時所需的資訊」。不要什麼資訊都沒有，就開始提筆寫文章，至少要先調查撰文所需的資訊，用條列的方法標示出重點，後面再做整理就好。比方說，依據標題再次搜尋撰文所需資訊，閱讀跟文章架構有關的書籍，跟熟悉相關領域的人請教等等，調查撰寫本文所需的資訊，用條列的方式筆記資訊的重點（圖 7-20）。

<h2>3. 不知道怎麼選？大推彩繪筆！ </h2>

・搜尋「彩繪筆　推薦」
・閱讀原子筆雜誌有關彩繪筆的部分等等

<h2>3. 選這支準沒錯！彩繪筆推薦 </h2>

・彩繪筆的研發歷史
・推薦的理由和與其他商品的差異
・實際評價和使用心得
・不知道怎麼選？大推彩繪筆！

圖 7-20 條列出撰文時可能需要的資訊

■ 先擬好架構，再詳細調查的理由

為什麼詳細調查資訊的工作，要在「擬定好文章架構之後的階段」進行，而非「擬定文章架構時的階段」呢？因為這樣做，調查起來速度更快、更正確、更有效率。先擬定好文章架構，就能明確知道要怎麼調查，作為「要找什麼樣的資訊、要調查到什麼樣的程度」的判斷指標。比方說，在閱讀書籍或文章找資料時，能明確知道「應該要找哪些書或文章來看，重點閱讀哪些部分」，又或是跟熟悉該領域的人請教時，能明確知道「應該要針對哪些地方詢問」。相反的，如果沒有一個「思考如何蒐集資訊的框架」，就著手調查，調查起來可能沒完沒了，而且沒有效率。

■ 放入其他文章沒有的原創要素

調查撰寫本文所需的資訊，在閱讀競爭對手的文章、閱讀書籍、訪談熟悉這塊領域的專家時，某種程度上應該可以掌握清楚「既有的競爭對手文章，包含哪些資訊、缺乏哪些資訊」。

不只找到競爭對手的文章就好，還要找出「讀者所需的必要資訊」才是挖到寶藏。那樣的資料能作為你的「獨家資訊」(**圖 7-21**)，也有助於優化 SEO。

<h2>3. 選這支準沒錯！彩繪筆推薦 </h2>

・彩繪筆的研發歷史
・推薦的理由和與其他商品的差異
・實際評價和使用心得
・不知道怎麼選？大推彩繪筆！

<h2>3. 選這支準沒錯！彩繪筆推薦 </h2>

・彩繪筆的研發歷史
・推薦的理由和與其他商品的差異
・實際評價和使用心得
（做問卷調查，蒐集第一手資料等等）
・不知道怎麼選？大推彩繪筆！
・實際購買、使用後的心得
（獨家經驗談）

圖 7-21 盡可能蒐集到獨家資訊

步驟二：整理順序和內容

蒐集好資訊後，接下來就是整理蒐集到的資訊，並重新排列出適當的順序。

■ 整理步驟一蒐集的資訊，並調整為適當的順序

在步驟一蒐集到的資訊，還是簡略雜亂的條列式重點。在步驟二要做的是，重新把條列式的重點以「讀者好懂的」和「需求高的」順序重新排列(**圖 7-22**)。

記得，盡可能把讀者特別想知道的資訊放在前頭，也就是「先從結論寫起」。因為有疑問或煩惱的讀者，之所以上網搜尋文章來看，老實說並不是「想看你的文章」，而是「想得到期望的資訊或答案」。就算你有其他希望讀者閱讀的資訊，但是對讀者來說，「這些資訊無法解決問題，我還是去找其他文章來看好了」。讀者確實得到解答後，才可能願意聽你說話。

此外，當你不知道應該要怎麼安排順序、不曉得讀者想要先看到什麼資訊時，可以參考搜尋排名前頭的文章。搜尋引擎將「這樣排序、提供這些內容量的文章」放在搜尋排名的前頭，也就是認為「讀者想要這樣的資訊」，因此參考其他文章也是一個方法。參考順序和切入點當然沒問題，但一定要避免內文寫得跟參考文章一模一樣。

<h2>3. 選這支準沒錯！彩繪筆推薦 </h2>		<h2>3. 選這支準沒錯！彩繪筆推薦 </h2>
・彩繪筆的研發歷史	▶	・不知道怎麼選？大推彩繪筆！
・推薦的理由和與其他商品的差異		・推薦的理由和與其他商品的差異
・實際評價和使用心得		・實際購買、使用後的心得
・不知道怎麼選？大推彩繪筆！		・實際評價和使用心得
・實際購買、使用後的心得		・彩繪筆的研發歷史

圖 7-22 按適當的順序，重新排列資訊

■ 整理順序＝思考如何把資訊傳達給讀者

整理調查到的內容，重新安排順序，思考該如何傳達資訊給讀者的同時，請試著一併思考「資訊會不會太多或太少」。

- 可能不需要這個資訊。
- 可能要增加這類資訊比較好。

整理資訊、按想傳達的順序重新排序，在那樣的過程中，容易發現文章多餘或不足的地方，因此建議在這個階段，同時並行（**圖 7-23**）。

<h2>3. 選這支準沒錯！彩繪筆推薦 </h2>

・彩繪筆的研發歷史
・推薦的理由和與其他商品的差異
・實際評價和使用心得
・不知道怎麼選？大推彩繪筆！
・實際購買、使用後的心得

<h2>3. 選這支準沒錯！彩繪筆推薦 </h2>

・不知道怎麼選？大推彩繪筆！
・推薦的理由和與其他商品的差異
・實際購買、使用後的心得
・實際評價和使用心得
・~~彩繪筆的研發歷史~~
・再次推薦彩繪筆

圖 7-23 思考資訊會不會太多或太少

不曉得資訊會不會太多或太少，直接跟有相同煩惱的人請教是最理想的。如果找不到人請教，可以問問責任編輯或主管。假如真的得不到周遭的協助，就只能自行判斷了，這時可以想像自己是用那個關鍵字搜尋煩惱的讀者，並思考下面兩點（**圖 7-24**）。

- 對這樣的內容感到滿意嗎？
- 問題和煩惱解決了嗎？

如果連自己都說服不了，當然也說服不了別人。

<h2>3. 選這支準沒錯！彩繪筆推薦 </h2>

・彩繪筆的研發歷史
・推薦的理由和與其他商品的差異
・實際評價和使用心得
・不知道怎麼選？大推彩繪筆！
・實際購買、使用後的心得

<h2>3. 選這支準沒錯！彩繪筆推薦 </h2>

・如果還是不知道到底要怎麼選？我推薦使用「彩繪筆」
・為什麼推薦彩繪筆？
・實際購買、使用後的心得
・實際評價和使用心得
・再次推薦彩繪筆

圖 7-24 想想看，這樣的內容能不能解決讀者煩惱

■ 很粗略也沒關係，先從頭到尾把文章寫完

把條列式資訊的順序和內容整理好之後，接下來的工作就是按照順序寫成文章。

撰寫內文的技巧就是先一鼓作氣把文章寫完。撰寫的途中，可能會出現很多在意的地方，例如：這裡要用這個詞彙嗎？要不要加個連接詞，轉折一下？這裡這樣寫夠嗎？但這些等「全部寫完後再修改」比較有效率。

這樣做有兩個理由。第一個理由是因為，如果由上往下每一行每一句都要寫得完美無缺，變更第十行的內容時，前面九行的內容通通都要修改。這樣前面花時間撰寫那九行的時間就浪費掉了。同樣的，撰文時覺得一直用同一個詞彙不太好，想換成其他詞彙，但只要中間內容有變，前面修改東西可能也都需要修改。另外，很在意某個資料的可信度，花了好幾個小時找資料做驗證，也很有可能在文章寫得差不多的階段，發現這個標題的內容沒辦法用，要全部刪掉。所以完成度只有60%也沒關係，先粗略地從頭到尾把文章寫完，再不斷重複修改細節，慢慢提升文章的品質就好。

應該先從頭到尾把文章寫完的第二個理由在於，看得到終點。這點可能有個人差異，對我來說，看得到終點，文章寫起來比較快。寫起來比較快的原因可能在於，雖然文章還不是很完整，但看得到文章的整體形貌，那個文章的雛形成為我的思考框架，「只要修改這個雛形，讓它變得更好就可以了」。比起「一直想著到底文章什麼時候才寫完」，先從頭到尾把文章寫完，思緒比較不會中斷。容易分心的人或是看不到終點情緒就容易低落的人，請務必試試這個方法。

Section 07

擬定 SEO 標題的方法

SEO 文章有一種取標題的方法叫做「搜尋引擎優化特有的方式」。這裡將針對擬定 SEO 文章標題的方法進行說明。

SEO 特別關注事項

擬定 SEO 標題的方法，基本上同第 142 頁所說明的，標題要反映「文章是針對誰，能提供什麼樣的資訊」，但考量 SEO 對策時，要多留意以下兩點。

■ 關鍵字

首先要注意的地方是關鍵字。SEO 策略為的就是讓讀者搜尋得到，所以一定要有關鍵字。搜尋引擎的功能日新月異，但終究只是機器，必須用淺顯易懂的方式表達讓它理解。如此一來，**標題就是「文章內容最重要的部分」，也就是能夠清楚傳達「這個標題包含的詞彙很重要」的訊息給搜尋引擎。**

另外，有些人認為，鎖定的搜尋關鍵字盡量放在文章的開頭，因為中文是橫式書寫，由左往右讀，「把搜尋關鍵字放在文章開頭，讀者比較容易點開來看」。老實說這個說法，我還沒找到能夠說服自己的數據。標題是文章非常重要的部分，但並沒有所謂的正確解答，因此不需要受限於這類理論，可以多方嘗試，修改標題內容或順序等等，找出「最能吸引讀者點開的標題」，修改再多次也沒關係。

■ 字數

還有一個 SEO 要注意的地方是標題的「字數」。搜尋引擎有一個特性，那就是標題字數達到一定數量時，就會以「…」符號省略部分標題，例如下圖（**圖 7-25**）。

https://go-writing.com ▾
go-writing 從無相關經驗，到成為網路寫手經營副業…

圖 7-25 超過一定字數，標題就會被省略

因此擬定標題時就必須考量，標題字數可能會被搜尋引擎省略。被省略的字數，可能會因為不同的電腦、使用手機或平板或是不同大小的螢幕而有所不同，平均來說，搜尋引擎的標題字數大概是 28 到 30 字左右。

我的建議是，「標題前半的 28 個字，不僅要吸引讀者點開閱讀，還必須傳達清楚必要資訊，尤其是優先度較高的資訊」、「超過一定字數，被省略的部分就放棄吧」。標題字數的設定大概如下（**圖 7-26**）。

go-writing.com › about-writing
網路寫作完整指南── 22 個流程和 5 個技巧
這類意見充斥，因此這邊我把平時實際使用的網路網路寫作，細分成較小的步驟，分別為各位說明！順帶一提，作者我佐佐木…

圖 7-26 標題前半放入優先度高的資訊

雖然這個標題被省略掉很多字，但至少「網路寫作完整指南」、「22 個流程和 5 個技巧」這些文章的重要部分能傳遞給讀者。

Section 08

微取材

微取材指的是，用簡短的時間，向熟悉那塊領域的專家取材。透過微取材，無須花費大量的成本，就能寫出對讀者來說前顯易懂，而且 SEO 架構完整的文章。

透過微取材，追加蒐集資訊

微取材就是，擬定好文章架構之後，向專家或公司內部瞭解詳情的人請教，取得想要寫進文章裡的新資訊。假如你是外包寫手，也可以向業主請教。

「微取材」的概念就是「依據某種程度擬定好的文章架構，花費約 15 到 20 分鐘的時間，輕鬆地找人請教聊聊」。請參考下圖（圖 2-27）。

例：推薦　原子筆

- 原子筆挑選方法
  從～～來挑選
  從～～來挑選
- 原子筆推薦 10 款
- 煩惱時選這支準沒錯

- 可以這樣挑選嗎？有沒有問題？
- 哪個內容能引導出自家原子筆的強項？
- 對專家來說，原子筆到底是什麼？

等等。

圖 7-27　向熟悉領域的人請教，確認資訊

就像這樣，依據文章架構，確認下面幾點。

- 這樣寫有沒有問題？
- 內容會不會太多或太少？
- 請對方提供最新資訊，或是從專家的角度給予意見。

尤其當自己是外包寫手時，詢問業者「這樣寫是否確實展現出商品或服務的強項？業主最新的經營方針」等等，能幫助你輕鬆寫出帶來業績的文章。

微取材的 SEO 效果

透過微取材，可以幫你取得其他文章沒有的獨家資訊。如同前面再三強調的，「獨創的資訊」對 SEO 來說相當重要，而且「熟知現場的人或專家才有辦法提供的建議」在網路上沒有，容易獲得搜尋引擎的高度評價。

另外，也有理論指出，「權威性」和「可信賴性」是 SEO 的重要指標。**向提供商品或服務的業者，或是該領域的專家、擁有豐富知識的人請教，能夠為文章增添「權威性」和「可信賴性」，為 SEO 帶來顯著的效果。**

■ 文章寫起來也相對輕鬆

各位可能會覺得「特地找人取材寫文章」，好像很辛苦，但其實微取材之後，文章寫起來反而輕鬆。因為微取材可以聽到真實的故事，問到自己心服口服，而且在取材的過程中，常常會出現可以寫進文章裡的素材。

微取材的注意事項

向受訪者取材時，有個無論自己是公司內部寫手還是外包寫手，都必須注意的地方，那就是思考「對方配合取材，能得到什麼好處」。

比方說，假如自己隸屬行銷部門，想跟業務窗口進行微取材。大家可能會覺得，「開口拜託不就行了嗎？」但是對業務來說，接受行銷部的取材、回答問題，能當作自己的業績嗎？這恐怕很難說，對方很可能因此不願意接受取材。

所以拜託人接受取材時，一定要明確提出「提供協助對你有什麼好處」。例如取材內容能放進行銷資料裡，協助推廣今後想販售的商品等等。

此外，不只是業務窗口，我也很建議找業務經理等級的人請益。如果接受取材，製作出來的內容能提升業務整體效率，我想大家應該都會積極地提供協助。

就像這樣，學會思考取材能為受訪者帶來什麼好處，是說服別人接受訪談的訣竅。

☕ Column　不要讓好點子淪為幻想，「人物誌」的思考邏輯（選定目標讀者應用篇）

撰寫文章時，目標讀者的設定很重要。各位聽過「人物誌」（persona）嗎？設定目標讀者群時，人物誌是非常重要的方法。調查人物誌時，經常會出現以下資訊。

居住於港區的媽媽，家庭年收入千萬日圓，有兩個孩子，分別為 10 歲和 7 歲男孩，最近的煩惱是隨著年齡的增長，體重怎麼也降不下來。經常使用的社群媒體是 IG。

這個人物誌看起來的確很仔細。請你想像一下，假如你要把「減肥食譜的書」賣給上述人物。

- 銷售方式會不會因為目標讀者群住在港區而有所不同？
- 表達方式會不會因為年齡和年收而有所不同？
- 除了在 IG 上曝光外，沒有其他接觸點了嗎？
- 有多少人符合所有條件呢？

「體重降不下來」這個煩惱跟年齡或居住沒有關聯。有些人偏瘦，卻很在意體重；有些人比較豐滿，卻不怎麼在意體重。也就是說，如果想把「減肥食譜的書」賣出去，細分體重降不下來的煩惱，便能更加瞭解目標讀者群，離商品銷售（=CV）的距離有多遠。

目標讀者群的煩惱大致可以拆解如下：

- 一直以來體重都降不下來（一直都是負值）。
- 希望體重再往下降，但降不下來（再往負值變化）。
- 體重突然降不下來（突然轉為負值）。

這個煩惱（負值）會隨著緊急度、煩惱的深刻度、知識量和過去實行過的減重策略而有所變化。讀者距離購買減重食譜的距離，依據以下項目，可以排列出以下組合：

- 緊急度：想馬上變瘦？還是希望未來某一天變瘦。
- 煩惱的深刻度：沒有實行任何對策、在思考對策、在尋找對策、正在實行對策，但沒有效果。
- 知識量：知不知道有哪些商品或服務（健身房、慢跑、健康食品、〇〇減重法、斷食等等）可以替代減重食譜？
- 知識能力：是否知道影響體重的生理機制？

從人們的煩惱出發，就能夠把目標讀者群區分出三個種類：「最能感受到這本書的價值，而且現在馬上願意購買的人（離 CV 最近）」、「覺得這本書還不錯，但不會馬上購買的人（離 CV 有點遠）」、「不知道這本書好在哪裡，不願意購買的人（離 CV 最遠）」。而且煩惱會隨著時間而變化，細分出來的各個要素會混雜在一起。

上述分類也可以用顯著層、準顯著層、潛在層來理解。

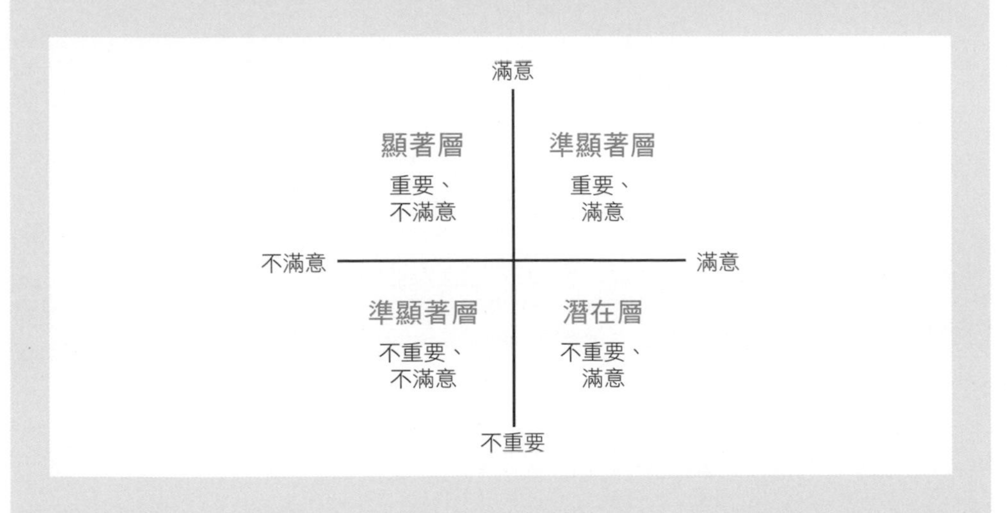

認為現在自己的體重和外表很重要，而且體重降不太下來，而感到不滿意的人是「顯著顧客層」，也就是說，他們的煩惱顯而易見。雖然覺得自己的體重和外表不重要，但感到不滿意，或是感到滿意（包含妥協）的人是「準顯著層」。覺得自己的體重和外表不重要，感到滿意（包含妥協）的人是「潛在顧客層」。假如想把減重食譜銷出去，就必須把這本書的重要性，傳達給認為體重外表不重要的人瞭解；讓感到滿意的人，不滿意自己的現狀。

比方說，育嬰假結束後、準備回到職場的女性，可能會這樣想「大家如果覺得我生完小孩變胖怎麼辦」。這正是所謂覺得體重外表很重要，而且感到不滿意的狀態，認為必須盡快想辦法讓自己恢復到之前的體態和體重，煩惱顯著化的瞬間。如此一來，你應該可以想像目標讀者，生完小孩一年後準備回到工作崗位前，在鏡子前端看自己的外貌、秤體重，試穿舊套裝的畫面吧。這個讀者設定的發想就是人物誌。

如此一來，應該可以浮現出「媽媽再忙也做得到！餐餐都是減重餐！」的行銷點子，這就是人物誌的應用。另外，人物誌的對象不僅限於一人。人物誌的發想，源起於人的煩惱，因此另一個必須注意的地方就是，要比對人物誌和商品事實是否一致。針對有各種煩惱的目標客群，讓他們瞭解商品或服務擁有的「哪些特質」，他們才願意購買呢？接下來讓我們從專案的規劃開始，一起來思考看看。

商品和服務的特質：

- 規格：食譜的種類、書的尺寸大小等等。
- 功能：食譜的簡易程度、容易取得的食材等等。
- 機制：飲食對人體帶來的影響等等。
- 價格：是否容易取得該產品。
- 賣場：是否容易取得該產品等等。

細分讀者體重減不下來的煩惱後可以發現，這本減重食譜具備的特質，能解決問題的地方，與讀者的煩惱有重疊之處，也就是說，願意花錢購買的顧客是存在的。一旦偏離了前述概念，人物誌就會變成單純的幻想，所以一定要依據商品特質，從商品特質可以解決的煩惱當中，特定出願意購買商品的顧客。人物誌的設定，剛開始可能會遇到很多困難，但這是內容製作非常重要的部分。閱讀完本書之後，如果你「想要提升技能」，希望你能重新閱讀這則專欄。

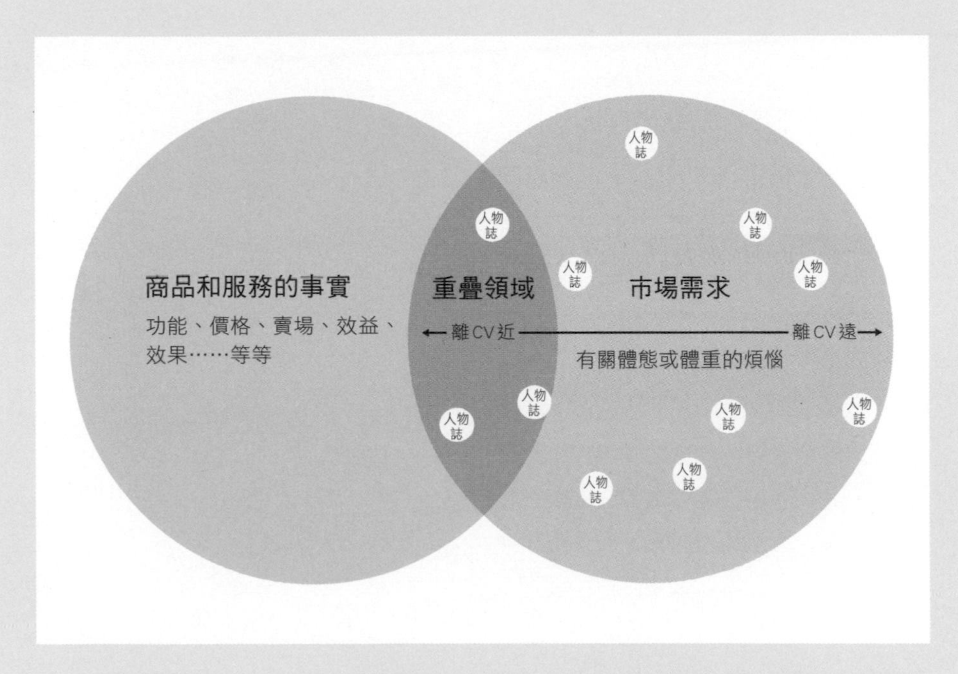

※ 無論是購買或認知，CV（ConVersion，轉換）會依據不同的目的而有所變化，因此這裡刻意以 CV 標示。

專欄作者：川端康介

> Chapter 8

「取材進行方式」決定文章成功與否

越來越多媒體把資源投注於取材文章，但也有很多媒體煩惱文章達不到預期的效果。想寫出能夠創造出成果的取材文章，該留意哪些要點呢？本章將針對取材的「企劃、準備、取材、撰寫」分別說明要點。

Section 01

擬定取材企劃的方法

以受訪對象為核心撰寫文章時，如果不夠謹慎，一不小心就會變成「差強人意、達不到預期效果的文章」。以下將這類問題說明針對發生原因和對策。

取材文章的特徵

本書將取材文章定義為「以受訪者為主的文章」，例如：「對話形式的文章」、「訪談後，以第一人稱撰寫而成的文章」、「體驗文章」等等。

製作這類取材文章時，有很多必須留意的地方。製作取材文章時，特別容易過度把重心放在受訪者身上，而忽略了「製作文章的目的為何」、「文章是為了什麼而寫，想為事業帶來什麼效益」等要點。

但假如取材文章也能為事業帶來效益，「從目的逆推」依舊是一大重點。以下部分內容跟前面重複，請把重複的地方當作是複習，再次從目的一起來思考看看。這裡使用的工具是「取材的企劃書」。

活用取材企劃書

取材的企劃書指的是，將自己想寫的取材企劃內容整理成文件。實務上，並不是沒有這份企劃書，就不可以進行取材。只不過，無論自己是公司內部的撰稿人員還是外包寫手，製作企劃書都有助於提升效率。

沒有寫企劃書就直接進行取材，假如上司或客戶說「這個企劃根本不行」，前面花費的時間和心力全部都化為烏有了。因此，在最初的階段就先製作企劃書，並至少向專案的負責人確認過一次。

而且製作好的企劃書，還可以應用到其他地方，例如：「依據企劃書範本，思考取材的企劃內容→直接拿那份企劃書給專案負責人確認→適當地修改製作好的企劃書，作為約訪時使用」，工作效率能因此提升，所以我非常建議於取材前先製作企劃書。

企劃書的整體圖像

接下來要介紹的企劃書，內容包含了取材最根本的目的、目標讀者群、取材對象候選名單、取材主題、取材條件、文章概要輪廓。只要把空格填滿，就能製作出從目的逆推的企劃書（圖 8-1）。另外，在取材前和撰稿前，拿著完成的企劃書，向媒體負責人商量確認，能避免「花了這麼多工夫去採訪、寫稿，方向卻完全錯誤」的情況。

企劃書
前提資訊（媒體的整體樣貌）
・媒體目的： ・媒體概略目標讀者群： ・媒體主題：
目標讀者群
取材對象候選名單
・人選： ・社群網站帳號等資訊： ・經歷：
取材內容和主題
取材條件
・訪談日程： ・訪談所需時間： ・訪談方法：
文章概要輪廓

圖 8-1 企劃書表格

擬定取材企劃的方法

不論是什麼樣的文章，一開始最重要的都是媒體的整體目的。思考取材企劃時，務必回頭確認第 13 頁的媒體設計表格。第一步從確認媒體設計表格開始，沒有這張表的話，就先做一張出來。總而言之，用「逆推」的方式來規劃取材。比方說，已經有以下完成好的媒體設計表格，讓我們以這張表為基礎，思考看看如何擬定劃取材企劃（**圖 8-2**）。

項目	內容
媒體的目的	銷售健身保健品
媒體的概略目標讀者群	個人、健身初學者
媒體主題	為讀者帶來精力充沛每一天的健身資訊網站
文章主題清單	• 針對初學者的健身法 • 針對健身者的飲食建議 • 推薦哪間健身房

圖 8-2 確認媒體的整體目的

思考取材文章的具體目標讀者群

接下來要來思考文章的具體目標讀者群。這個時候的重點在於「釐清讀者的煩惱」以及「從商品和服務的目標讀者群逆推」（請參考第 38 頁），而思考目標讀者群的公式就是「想要〇〇，卻有××煩惱的□□人」。

舉例來說，向平時跟客戶有往來接觸的員工請教，就可以知道具體的目標客群為「想上健身房，卻不知道該去哪間健身房才好的健身初學者」。

企劃取材內容

規劃到這個程度後，接下來就要擬定取材企劃的內容，但是在那之前，必須弄清楚「要向誰取材」。因為受訪者不同，其後的企劃內容也會截然不同，因此很粗略也沒關係，必須儘早規劃要找誰訪談。

前面說明了「解決煩惱」作為文章內容素材，有助於 SEO。如果以此為前提規劃文章內容，建議**訪談要找「能夠解決讀者煩惱的人」**。

接著，讓我們來看看，如何尋找受訪者。

思考要找誰訪談

如果馬上就能想到完美的取材對象當然很好，但大多數情況都沒這麼容易。那個時候，建議「大概想像一下可以找什麼樣的人來訪談」，接著「調查那樣的人是否真的存在」。

> 例 ▼
>
> **具體目標讀者群：** 想上健身房，卻不知道該去哪間健身房才好的健身初學者。
>
> ↓這個情況
>
> **有機會解決這個煩惱的人：** 能夠為初學者提供建議，推薦去哪間健身房的人。

做調查

「要找什麼人取材」有了大概的概念之後，接著就是實際調查符合條件的訪談人選。調查方法大致可分為「上網搜尋、透過介紹、閱讀書籍」三種。

■ 上網搜尋

第一個方法是上網搜尋，請利用 Google 等搜尋引擎搜尋看看。利用可能符合取材對象的屬性和地區，先「隨便」搜尋看看。

例▼

取材對象的候選名單： 能夠為初學者提供建議，推薦去哪間健身房的人。

↓這個情況

用下面的關鍵字搜尋

「健身　初學者　私人教練」

「健身初學者私人教練　千葉市」

有些人可能會覺得「搜尋條件真的很隨便」，但 Google 這類搜尋引擎非常聰明，隨便搜尋也沒問題。

不僅限於搜尋引擎，我也很推薦在網路媒體上搜尋。可以試著到推特、IG、YouTube、TikTok 等各種網路媒體，搜尋 # 主題標籤，或是到搜尋欄位輸入關鍵字來搜尋。

■ 透過介紹

第二個方法是透過介紹。詢問朋友，或是到社群媒體詢問有沒有人認識符合這類條件的對象。如果這類文章之後還有持續刊登的預定，就必須更積極地跟周遭的人探聽。因為就算找到的人不適合這次的企劃，說不定很適合作為下一個取材的受訪者（**圖 8-3**）。

有沒有人認識有辦法推薦初學者健身房的專家？

我有朋友很懂健身的營養學，但是對健身房不熟。

下次寫跟健身營養學有關的文章時，再來拜託他看看。

圖 8-3　積極詢問周遭的人

■ 閱讀書籍

第三個方法是閱讀書籍。到書店找一本跟自己想撰寫的文章主題接近的書，將寫書的作者列為取材候選人選。出書放在書店販售的人，當然是非常好的取材對象。你也可以在網路書店上找取材的候選對象。書本好的地方就在於，實際閱讀後可以深入瞭解作者的思維。閱讀書籍，不僅能幫助你判斷這個作者是否符合企劃，也有助於思考之後的訪談問題。

■ 實在是找不到合適人選時，就縮減搜尋條件

無論是上網搜尋還是請人介紹，甚至看書也找不到合適的取材人選時，可以試著縮減搜尋條件。

例 ▼

擴大範圍

「健身　初學者　私人教練　千葉市」
↓
「健身　初學者　私人教練　千葉縣」

限縮條件

「健身　初學者　私人教練 千葉市」
↓
「健身　初學者　私人教練」

把搜尋關鍵字的「千葉市」換成「千葉縣」，就可以搜尋到千葉縣所有的健身私人教練，如果再刪掉地區的條件，就可以搜尋到全日本的健身私人教練。擴大搜尋範圍，搜尋出來的人數就會相對增加，也能提高找到合適取材對象的機率。

如何讓受訪者接受取材，並寫出能創造成果的文章？

規劃取材企劃，尋找取材人選時，有兩個地方要特別注意。

- 這個企劃能為受訪者帶來好處嗎？
- 這個企劃能同時為受訪者帶來好處，又能達成媒體的目的嗎？

首先，**如果企劃對受訪者沒有好處，恐怕很難說服人接受取材。**另一方面，如果只想著怎麼取材，而忘了取材本來的目的是要為媒體帶來效益，寫出來的文章，對媒體來說可能會變得一點意義也沒有。

■ 思考對受訪者而言有何好處

對受訪者來說，除了訪談報酬這類金錢上的好處之外，「宣傳效果」也是好處之一。比方說，在發訪談邀約之前，先調查一下受訪者「有沒有想要宣傳的東西」，例如：最近開始什麼新事業、宣傳未來的計畫、近期想重點宣傳的項目等等。如果企劃也能一併做宣傳，對方也比較願意接受取材。

比方說，假如訪談候選人員「正在開發新款健身服飾」，就可以考慮把健身服飾這類內容一起放進文章裡宣傳。

■ 讓媒體和受訪者之間的利益取得平衡

除了考量受訪者的利益之外，也要想辦法讓媒體和受訪者之間的利益取得平衡。

假設媒體的目的是「銷售健身用的保健食品」，就必須把販售健身保健食品的內容放進文章裡。假如其前提條件，文章的主題是「專為初學者設計，健身房的挑選方法」時，該怎麼做呢？

比如這樣的內容如何？「上健身房，讓健身的效果發揮到最大的方法」，想上健身房，可以合理推測「讀者期望有效率地健身」。如此一來，就可以傳達「想提高健身的效率，除了健身服飾之外，攝取保健食品也相當重要」的訊息；也可以把文章本來的主題，例如「挑對健身房，讓健身效果最大化」等內容放進文章裡（**圖 8-4**）。

企劃書
前提資訊（媒體的整體樣貌）
・媒體目的 ・媒體概略目標讀者群 ・媒體主題
目標讀者群
取材對象候選名單
取材對象候選名單
・人選： ・社群網站帳號等資訊： ・經歷：
取材內容和主題
・專為初學者設計，健身房的挑選方法。 ・想提高健身的效率，除了健身服飾之外，攝取保健食品也相當重要。
取材條件
・訪談日程： ・訪談所需時間： ・訪談方法：
文章概要輪廓

圖 8-4 決定取材的內容和主題

■ 共享文章的整體樣貌

用文字來說明「想寫出什麼樣的文章」出乎意料得困難。就算是「口頭簡單說明，或是適度放上梗圖……」，應該還是很難說明清楚吧。「用輕鬆的方式、適度講笑話、放梗圖」，這些給人的印象都因人而異。因此做說明時，要盡量避免「憑感覺來說明」。

相反的，假如用這樣的方式來說明如何呢？「希望文章能符合〇〇媒體的形象。比如這類文章、這樣的意象。」描繪文章的意象，說明起來不但清楚而且不費工夫。最後，為了要向受訪者說明訪談意圖，約訪時也要明確提出文章的整體樣貌（**圖 8-5**）。

企劃書
前提資訊（媒體的整體樣貌）
・媒體目的： ・媒體概略目標讀者群： ・媒體主題：
目標讀者群
想上健身房，卻不知道該去哪間健身房才好的健身初學者。
取材對象候選名單
・人選： ・社群網站帳號等資訊： ・經歷：
取材內容和主題
文章概要輪廓
・像〇〇媒體，△△般的文章。

圖 8-5 決定文章的整體樣貌

企劃書規劃到這個程度後，就可以向客戶、上司或編輯做個確認。企劃獲得認可後，就拿著企劃書去邀請受訪者接受訪談吧。

Section 02

邀請受訪者接受訪談

訪談邀約，簡單來說就是「確認受訪者的訪談意願」。這裡將為各位介紹，如何邀約以及邀請函的範例。

訪談邀約

想邀請受訪者接受訪談，該怎麼聯絡才好呢？雖然方法因人而異，但我個人建議透過「線上諮詢表單」和「社群媒體」。而且相對於線上諮詢表單，有些人比較常查看社群媒體的私訊。基本的聯絡範例如下（**圖 8-6**）。

> 肌肉〇〇公司 外山肌肉先生鈞鑒
>
> 您好，初次聯繫，我是 GOH 肌肉媒體的佐佐木豪。
>
> 我們在撰寫一篇推薦初學者健身房的文章，想請問您是否願意接受訪談，因此冒昧寫信打擾。
>
> ※ 同樣的內容，我也聯絡至您官方網站的諮詢表單了。
>
> 外山先生平時就致力於推廣健身知識初學者，希望有機會直接跟您請教。
>
> 附件為取材的企劃書，若您願意接受訪談的話，能否請您回覆本郵件呢？此外，取材為線上訪談 ，預計時間約一小時左右。
>
> 雖然只是一點心意，我將準備一萬日幣禮金作為答謝。希望有機會聽您分享，謝謝。

圖 8-6 訪談邀請函範例

■ 由邀約方提出取材候選日

收到受訪者回覆願意接受訪談後，接著就是安排具體訪談行程。這裡有個要注意的地方就是，要由邀約方提出多個取材日讓對方選擇。

有些人可能很體貼，想讓取材對象選擇「方便的時間」，因此請對方「提出幾個方便訪談的候選日期」。但這樣做不太好，因為請對方先提出幾個日期時，對方必須考量以下幾點。

- 要提供幾週的候選日期？
- 要提供幾個候選日？
- 要怎麼跟其他行程做調整？

而且，先提出候選日的那一方，還必須先確保時間不會跟其他行程重疊，而且提出了候補日之後，還可能因為對方的行程，必須重新調整時間。

把這些麻煩的作業丟給別人處理，受訪者恐怕會感到很困擾，甚至還可能會覺得「要我提出訪談候選日，實在有夠麻煩，還是算了好了」。因為一開始訪談時間的調整，就給人感覺很麻煩的話，對方可能會覺得，訪談這件事情其他地方可能也很麻煩。

不僅限於訪談，基本上行程安排也應該要由提出邀請的那一方提供。

Section 03

準備訪談大綱

決定好取材日程後，要儘早準備「訪談大綱」。這裡將解說訪談大綱的效果及其擬定方法。

訪談大綱的要點

訪談大綱是彙整了訪談當天提問的問題清單，因此訪談大綱一定要提前寄給受訪者。提前取得訪談大綱，對受訪者來說比較好做心理準備，也可以事前準備數據，以免當天被問到答不出來。想讓訪談順利進行，事先準備訪談大綱絕對是有必要的。

■ 訪談大綱是否貼近文章的目標？

前面提過很多遍，行銷推廣取向的取材文章，文章製作的背後一定有其目的、目標。若沒有達成文章期望的目標，文章就失去原本的意義。一切始於文章的目的。

■ 必要問題是否包含數字或數據

請站在接受受訪者的立場想想看。假如訪談當天，突然被問到具體的數字或數據，想當場找出來恐怕很花時間對吧。訪談時間有限，把時間花在「找東西或等待」上頭太浪費了。而且有些時候，受訪者未必有辦法馬上找到你想要的數據。假如受訪者還必須找其他人確認，恐怕無法在訪談的當下就順利取得數據。所以，如果想請對方提供任何數字或數據，一定要放進訪談大綱，提前寄給對方確認。

■ 當對方詢問「提問的意圖」時，你有辦法回答嗎？

在還不熟悉訪談的階段，經常犯下的錯誤就是，當對方問道「為什麼問這個問題」時，準準備好的回答說服不了對方。這不但浪費彼此的時間，搞不好還會讓對方產生不信任感。

此外，當問題的範圍較廣時，對方也可能會問「你比較想知道哪個部分」。而且對方若無法理解問題「為何而問？在問什麼？」很有可能無法確實回答到問題；假如對方很配合，也有可能會問「你希望我從什麼角度來回答？」雖然不需要把這些都寫進訪談大綱，但一定要想清楚提問意圖為何。

在還不熟悉訪談的階段，如果被問到這類問題，我都會很緊張，所以我會準備一份自用的訪談大綱，針對所有的問題備註「提問意圖」。

例 ▼

- 問題：～～指的是什麼？
  （意圖：想瞭解〇〇）

製作訪談大綱的事前調查

要做好製作訪談大綱事前調查的理由在於，不僅有助於思考訪談問題，也能提升受訪者對取材的興趣。假如聯絡的過程給人感覺「這個人訪談準備做得很充分耶」，對方應該很願意回答問題；假如給人的感覺是「這個人連這麼簡單的事情都沒有做功課」，還可能讓受訪者產生不信任感，所以要在訪談前做好以下事前調查（**圖 8-7**）。

專訪文章	• 盡可能把受訪者過去所有的專訪文章都看過一遍。 • 跟訪談大綱有關的內容、數字、數據要特別留意。 • 特別有感的地方要筆記起來。
社群媒體	再次查看受訪者社群媒體的發文，尤其要確認近期的發文、跟訪談大綱有關的內容。
官方網站和部落格	• 仔細閱讀受訪者的官方網站和部落格，尤其是受訪者有經營事業時，要把介紹商品或服務的頁面全部看過一次，未能全部理解也沒關係。 • 未能理解的部分，於訪談時跟受訪者確認。
新聞稿	用「公司名　新聞稿」關鍵字做搜尋，把找到的新聞稿全部看過一次。受訪者的公司花錢做的新聞稿，極為重要。
搜尋新聞	• 用受訪者的公司名稱，上 Google 新聞搜尋新聞（訪談當天也要搜尋新聞）。 • 簡單確認近期發出的新聞。 • 就算未能拿來提問，也可以當作聊天的話題。

圖 8-7 製作訪談大綱的事前調查

訪談大綱的參考範例

每一次訪談大綱的內容當然都不一樣，這裡僅提供我經常使用模型「訪談大綱的雛形」，供各位參考。

■ 當文章重點在知識傳遞時

假如文章的焦點在於傳遞知識、解決煩惱，問題類型就是「解決問題型」，詢問「問題、原因、對策」，甚至可以更進一步確認「對策可帶來的效果」。

例▼

問題：原本是什麼樣的情況？發生了什麼事？

原因：問題發生的原因是什麼？

對策：針對那個問題，採取了什麼對策？

效果：採取對策後，產生了什麼效果？

■ 當文章重點在自家商品或服務時

假如取材是找使用者訪談，重點在於自家商品和服務時，問題類型就是「實際案例型」，詢問「受訪者的背景屬性，以及選擇自家產品的理由和效果」等等。

例▼

屬性：可以請您介紹一下自己嗎？（例如：隸屬部門、工作內容等等）

背景：您購買這項服務的原因？（例如：問題、原因等等）。

比較：您有跟其他什麼樣的服務做比較嗎？可以請您告訴我，什麼樣的因素讓您選擇這個服務，而非其他服務。

期待：您尤其想從這項服務中，得到什麼樣的效果？

效果：實際購買、使用後的感想如何？（可能的話盡量取得具體數字）購買後，原本的問題是否解決了呢？

未來：今後對這項產品有什麼期待？

■ 當文章重點在「受訪者」時

假如文章的焦點在於、取材對象那個人、場所、服務等等時，問題類型就是「時間序列」，最常詢問對方的「過去、現在、未來」。

例▼

過去：您為什麼開始做那件事？過去曾從事過相關行業嗎？過去什麼樣的經驗，影響了現在的您？

現在：您現在從事什麼行業？您尤其重視什麼樣的價值？

未來：您今後有什麼打算呢？

什麼時候寄訪談大綱？

訪談大綱至少要在「訪談前五個工作天」寄給受訪者。如果希望對方確認詳細的資料或數據，考量作業時間，盡量早點把訪談大綱寄給受訪者。

以附檔的方式寄送訪談大綱時，受訪者可能不會馬上打開檔案來看。但如果把訪談大綱直接貼到郵件或訊息內文裡，又會顯得太冗長，讓人不想閱讀。所以，基本上訪談大綱用附檔寄送，然後在郵件或訊息內文裡，註明「希望對方一定要確認哪些地方」。

例▼

肌肉〇〇公司 外山先生

日安，我是佐佐木。

感謝您願意接受 2/29（一）13:00 ～ 14:00 的訪談，附件為訪談大綱，請參考。

希望您有時間時確認一下內容。

另外，關於訪談大綱「外山式健身效果的數據」這個部分，期望訪談當天能得知具體數字，再麻煩您幫忙了。

附件：訪談大綱。

Section 04

訪談的技巧

都做好準備後，接著就是實際進行取材了。以下就取材的主要流程、常見模式，一個一個為各位說明。

破冰

實際開始取材後，要「打破」彼此冷冰的關係，緩解對方和自己緊張情緒。

「說笑話，拉近對方和自己的距離」是破冰的技巧之一，但如果對自己的說話技巧沒什麼信心，操作起來恐怕很困難。

因此，這邊我要介紹的是「不擅長說話，也能漂亮破冰的技巧」。

■ 前提：不勉強炒熱氣氛

首先破冰的大前提是，不勉強自己炒熱對話的氣氛也沒關係。想用笑話破冰，一次大幅拉近自己跟對方的距離，反而容易變得更緊張，緊張的情緒讓對方感受到，或是笑話根本一點也不好笑，而出現尷尬的冷場，這類失敗案例不勝枚舉。如果最初破冰失敗了，恐怕很難想像後面訪談要怎麼進行（**圖8-8**）。

圖 8-8　想搞笑，卻把場面弄得很冷，後面等著的是尷尬地獄

如果不是搞笑藝人，一碰面就說笑話拉近彼此距離，恐怕是難度相當高的破冰技術。有些人可能會覺得「如果不說點好笑的東西，拉近彼此距離，對方是不是就不願意分享了呢？」

這裡希望大家回想一下，如本次文章所定義的「文章的主要目的是作為行銷之用」。所以只要能問出「達成文章目的」所需的必要資訊，說實在的，根本不需要想辦法跟對方搏感情。取材的目的不是在「交朋友」，而是「確實取得必要的資訊」，請把這點放在心上。

但我的意思也不是說完全不需要破冰，那麼該怎麼做才好呢？

■「誠摯地」再次說明訪談理由

我的建議是，再次表達邀約時所說明的「想跟您訪談請教的理由」。

例▼

「非常感謝您百忙中抽空接受訪談。針對本次取材文章的○○內容，我們希望向熟悉○○的您請教，將○○的資訊傳遞給○○類型的讀者。非常榮幸今天有機會聽您分享。」

這樣的內容可能已經在約訪階段就傳達過了。不過就我的經驗來說，說明「為什麼想找您訪談」，能讓受訪者感受到熱忱、感到開心，永遠不嫌少。

■ 一開場就說明訪談理由

之所以要在一開場就說明訪談理由，是因為「受訪者可能根本忘了為什麼接受這次的訪談」。受訪者可能接受很多不同的訪談或是工作非常忙碌，所以等訪談時間到了，才會想到「我為什麼接受了這個訪談啊？」(**圖 8-9**)。

也很有可能發生這樣的狀況：「雖然忘了為什麼接受這個訪談，但實在很難開口問訪談者『你是為了什麼而來的啊』，就在搞不清楚狀況的情況下回答問題。」

圖 8-9 受訪者有時可能會忘記取材企劃的內容

就算受訪者記得取材的主題，透過說明「讓受訪者再次認知到取材目的和目標讀者群」也很重要。

假如在訪談正式開始之前，讓受訪者再次理解「訪談目的」，有助於幫助受訪者思考「這樣的問題該如何回答」，能順著訪談目的回答問題。同樣的，如果受訪者明白文章的目的和目標讀者群，就能針對某個問題，從「目標讀者群好理解的案例」或「能為那篇文章帶來成效的案例」之間擇一說明。

接受取材的受訪者，願意犧牲自己的時間接受訪談、回答問題，大部分的人都是想「提供有用的資訊，幫助對方寫出好文章」。「不太想幫忙」的人，本來就不會接受訪談。既然如此，身為訪談者，為了讓受訪者提供資訊，以撰寫出「達成媒體目的、將訊息傳遞給目標讀者群」的文章，不厭其煩地多次說明訪談目的便很重要。

說明前題條件，取得共識

破冰之後，接著就是進入主題了。正式開始訪談前，要先提供四個前提條件給受訪者確認，取得共識。

1. 打預防針。
2. 文章公開前的確認。
3. 取得同意錄音。
4. 說明訪談所需時間，再次打預防針。

1：打預防針

> 例▼
>
> 「為了讓初次閱讀的讀者也能理解，訪談過程中可能會詢問非常基本的問題，或是重複詢問您過去接受訪談時曾回答過的問題，還請見諒。」

即便你很努力地做了事前調查，實際上取材過程中提出的問題，就對方而言可能是「非常基本的問題」，或是「過去的訪談曾經回答過的問題」等等。即便問題一樣、非常基本，也可能會因為狀況改變，或是詢問的切入點不同，使得到的答案有所不同，因此「提問本身並沒有什麼問題」。雖說如此，可以的話，還是盡量不要讓取材對象感到不愉快、產生不信感比較好。就這個意義來說，在取材開始之前，先打預防針很重要。

如上範例那樣表達，能預防對方產生「連那麼基本的問題都沒有事先查清楚？」、「這問題我以前回答過了」的想法，採訪方也比較能安心地想問什麼，就問什麼。尤其是在還不熟悉訪談的階段，訪談時很容易緊張，這類風險能避免就盡量避免。

2：文章公開前的確認

> 例▼
>
> 「稿件完成後，在公開發布之前，想先請您幫忙確認。假如有任何不方便公開或想修改的地方，都能回應您的期望，歡迎隨時聯絡。」

向對方表示「公開前可以修改」，受訪者比較好暢所欲言。報章雜誌這類取材，有時文章在公開前無法確認內容。有那類受訪經驗的人，可能會認為「不知道對方會怎麼引用自己講的東西，只要回答怎麼引用也無傷大雅的程度就好」。因此，向受訪者傳達「文章在公開發布前都可以修改，請您盡可能把可以講的東西都告訴我」，對方可能因此連檯面下不公開的內容也願意分享。就算「我都是怎麼讓上司批准或簽核的祕辛」這類內容無法寫進文章裡，從理解行銷和調查的角度來說，可以說問到了相當有用的資訊。

3：取得同意錄音

> 例▼
>
> 「請問我可以錄音或錄影嗎？內容僅使用於文章撰寫上。」

為打逐字稿、確認講述內容，訪談大多需要錄音。但如果訪談的一開始，就擅自開始錄音，可能會讓對方感到不愉快、產生不信感。實際上我真的遇過受訪者跟我分享過去的受訪經驗：「我整個很驚訝，對方問都沒問就開始錄音了耶」。只要事前一句話講清楚，就可以避免這個問題，請務必牢記在心。

4：說明訪談所需時間，再次打預防針

> 例▼
>
> 「訪談預計〇分鐘左右結束。我想您工作很忙碌，可以的話，我會盡量提早結束訪談。」

有時可能會遇到某些情況，訪談比預定時間還早就結束。那個時候，為避免產生「沒什麼好問的」、「沒什麼可以繼續深入詢問的」尷尬氣氛，在開始進行訪談前，就事先向對方表達「您工作繁忙，若訪談能儘早完成，就會提前結束」。

■ 為避免遺忘，把說明內容事先放到訪談大綱

上述「打預防針、文章公開前的確認、取得同意錄音、說明取材所需時間」，這些內容一定都要記得傳達給受訪者。因此，平時我都會把這些說詞的完整內容，放進自用的取材提問清單筆記起來。附上取材提問清單的範例，希望能作為各位訪談時的參考（圖 8-10）。

「非常感謝您百忙中抽空接受訪談。針對本次取材文章的〇〇內容，我們希望向熟悉〇〇的您請教，將〇〇的資訊傳遞給〇〇類型的讀者。非常榮幸今天有機會聽您分享。」

「為了讓初次閱讀的讀者也能理解，訪談過程中可能會詢問非常基本的問題，或是重複詢問您過去接受訪談時曾回答過的問題，還請見諒。」

「稿件完成後，在公開發布之前，想先請您幫忙確認。假如您有任何期望，例如有些內容不方便公開或是想要修改，都歡迎隨時聯絡。」

「請問我可以錄音或錄影嗎？內容僅使用於文章撰寫上。」

「訪談預計〇分鐘左右結束。我想您工作很忙碌，可以的話，我會盡量提早結束訪談。」

Q1. ……

Q2. ……

Q3. ……

Q4. ……

圖 8-10 把說明內容放進提問清單裡的範例

訪談的問答技巧

開頭的破冰和前提條件的確認結束後，終於要正式開始訪談了。基本上只要事前準備好訪談大綱，依據訪綱上頭的問題依序提問就沒問題。訪談提問時的要點如下。

■ 提問時，要一併詢問具體案例和理由根據

向受訪者提問，得到回答後一定要打破沙鍋問到底，再繼續往下深入詢問具體案例和理由根據。這裡之所以寫道「打破沙鍋問到底」，是因為這正是「訪談的關鍵」。如果沒有問到具體案例和理由根據，寫出來的東西很有可能「太淺」，無法讓讀者理解或認同。此外，假如訪談未能取得充分的資訊，恐怕連個像樣的文章也寫不成。但訪談時，只要問到自己可以接受的範圍就好。請利用以下列舉的問題，確實讓訪談「打破沙鍋問到底」。

理由根據

- 為什麼那樣做？
- 為什麼那樣想？
- 你覺得是為什麼？
- 原因是什麼呢？

具體案例

- 有沒有代表性的具體案例？
- 具體來說發生了什麼事？
- 可以再麻煩您說明一下細節嗎？
- 您做了什麼？
- 您有什麼想法？

例▼

受訪者：「過去曾發生過〇〇問題呢。」

訪談者：「〇〇問題，是發生了什麼事情嗎？那個問題有代表性的事件嗎？（具體案例）」

受訪者：「〇〇的系統發生好幾次問題，因為系統出問題沒辦法使用，害大家犧牲了假日加班維修系統。」

訪談者：「您認為〇〇系統多次發生問題的原因為何？（理由根據）」

■ 邊問邊確認

受訪者說明了具體案例和理由根據後，一定要用自己的話，再次確認自己的認知是否無誤。

例▼

「您剛才說的內容是這樣，理由是這個。舉例來說，過去曾發生這種事。我這樣認知對嗎？」

訪談時，都要抱持著「所有的問題，都要做好確認」的態度進行。雙方認知一致，再往下繼續深入詢問或是問下一個問題。 如果認知有誤，就請對方指出哪裡有認知落差，重新消化理解，然後再次向對方確認「我這樣認知正確嗎？」

這個麻煩的確認作業，對初學者來說非常重要，理由有兩點。

■ 避免「以為懂了，其實沒弄懂」的情況產生

首先，確認認知是否無誤，是避免「以為懂了，其實沒弄懂」的情況產生的重要策略。訪談當下以為自己都懂了，之後回頭看逐字稿，準備要來寫稿時，卻怎麼也寫不出來。各位有沒有這樣的經驗呢？等到要動手寫文章時，才發現自己根本沒弄懂。

我學生時代時，曾有過多次「聽課時覺得自己好像都懂了，但實際解題時，才發現原來自己根本就不懂」的經驗。訪談也一樣，「訪談當下覺得自己好像都聽懂了，但回來準備要寫稿時，卻怎麼也寫不出東西來」的情況很常見。

自以為懂了是「致命傷」，會嚴重影響文章的品質。沒搞清楚狀況的撰稿人，把硬是拼湊寫出來的稿子拿去請受訪者「確認」，受訪者必須花費大把力氣修改文章，像這樣的問題我聽說過很多次。若想避免這樣的情況發生，訪談當下一定要邊問邊確認。

■ 避免「受訪者回答不充分」的對策

另一個要邊問邊確認的理由在於，可作為避免「受訪者回答不充分」的對策。講話時，其實很容易說錯話，發生「那個時候應該要這樣講」，事後感到後悔的情況。如果太快問下一個問題，很容易忘記回頭詢問「針對剛才您說的，我想再請教一下……」，錯失再確認的機會。那個時候，如果能留意到這點，為對方製造修改說法或補充說明的機會，就可以彌補說明不充分的問題。

■ 必問的問題打★號

有時，訪談也會遇到某些狀況，最後沒辦法把問題問完。遇到那種情況，容易感到焦急，很難立即挑出重要問題來因應。為了避免遺漏重要問題沒有問到，請事先在特別重要的問題打上「★」號做標記。

■ 填充式提問表格

以下為各位介紹，我經常使用的填充式提問表格（**圖 8-11**）。

課題／問題	具體案例	原因	對策	具體案例	效果	問題是否解決了？	具體數字

圖8-11 利用填充式提問表格做確認

1. 問題的連貫性

受訪者在說明理由根據的途中，突然跳到其他話題，最後沒能問到具體案例……這種情況很常見。前面我也提過「如果沒針對受訪者的回答，繼續詢問背後的具體案例和理由根據，恐怕只能寫出蜻蜓點水般的文章。」

利用「填充式提問表格」，從受訪者的回答開始確認具體案例、理由根據等等，按表格上的項目一一確認有無遺漏。可以的話，訪談時，按照這個表格依序把空格填滿，沒填到的部分，就在訪談後半部回頭詢問「我想再跟您請教這個部分……」。假如邊訪談邊填寫表格有困難的話，就問完後，在空格打勾做記號，表示這部分已經詢問過了。

2. 為重要問題的標記留空位

為了在必問的重要問題前標註★號，記得要事前在表格預留空位。

使用填充式提問表格，主要是為了「避免忘記詢問重要問題」，而不是為了「便於取材」，因此熟悉訪談的人，無須特地使用這張表格。

取材小技巧

訪談過程會發生什麼事總是難以預料。因此，這邊提供因應各種問題的技巧給各位參考。

■ 來不及理解對方講的話時

當對方講話零碎、不連貫或單純只是你聽不懂對方在講什麼時，可以如下表達。

▼ 具體實例

「假如我的理解有誤還請見諒，請問我這樣理解正確嗎？」

「您現在說明的這個部分，我有點聽不太懂，不好意思，請問您現在所說的是指……」

▼ 訣竅

為提供受訪者暢所欲言的訪談氣氛，盡可能避免釋放出「你講的東西很難懂」的訊息，把所有的錯都歸在自己身上，一切都是「我來不及理解您所說的……」，你心裡怎麼想都無所謂。

■ 偏離主題時

當受訪者講得越開心，越有可能偏離主題。如果沒有足夠的時間聽受訪者全部講完時，可以使用以下技巧。

▼ 具體實例

「我對您所說的內容非常有興趣，但時間有限，我還有很多問題想跟您請教。雖然很可惜，不過我們可以回到原本的訪談大綱繼續討論嗎？真的很不好意思。」

▼ 訣竅

對方講得很開心突然被打斷，沒處理好的話，場面可能會變得很尷尬。因此，要以「您說的東西，我個人非常有興趣」，但「因為工作的關係，我必須繼續問其他問題」，以「自己非常有興趣」，但「工作來攪局」的形式說明。

■ 希望文章提供的方法「讀者模仿得來」

「文章明明主旨在於傳授知識，但裡面介紹的方法讀者卻模仿不來」這種情況不時可見。為避免發生這種情況，無論是不是取材文章，都應該提供「讀者能夠馬上模仿」的方法。

這個時候可以利用以下技巧。

▼ 具體實例

「文章的目標讀者群，都是〇〇的人（無經驗、沒有特殊技能或資產等等），他們第一步該做的是什麼？」

「讀者看完文章，馬上就可以採取什麼樣的行動？」

▼ 訣竅

針對知識傳遞型的文章，要不斷思考「什麼樣的行動，是文章設定的目標讀者群馬上能模仿的？」

■ 希望提問能滴水不漏時

詢問相關資訊（課題、優缺點、選擇的理由等等），當對方講得差不多時，要接著詢問「您還有沒有其他要補充的？」

有些受訪者很體貼，會說「我有點講太多了，時間不多，主題以外的話就到這邊結束吧。」讓話題暫時告一個段落。但有時候，受訪者的「我突然想到……」，主軸以外的話題，反而能獲得意想不到的資訊。這個時候如果不好意思繼續往下問，很有可能自己親手斬斷取得重要資訊的機會。以下是持續追問的範例。

▼ 具體實例

「謝謝您這麼詳盡的說明，不好意思弄得好像在訊問您。這個部分非常重要，如果您有其他可以補充的，再小的事情也沒關係，可以再多講一些嗎？」

▼ 訣竅

為避免對方覺得「我都說明這麼多了……」、感到不愉快，要先表達你理解對方已經說明得非常詳盡，只不過這個地方非常重要，想繼續請教。然後半開玩笑地說「不好意思弄得好像在訊問您」，減緩給人失禮的感覺，這個方法我常常使用。

取材結束之後

取材結束時，有幾點事項必須傳達給對方。

1. 最終確認時間。
2. 後續日程的聯絡。
3. 做好訪後因應措施。

1. 最終確認時間

例 ▼

「我問題應該都問完了，為確保沒有遺漏，請讓我做最終確認。」

採訪一口氣做到最後，有時會出現一些當下想說「等等再問」，卻還沒問的問題。遇到這種情況，我建議在訪談結束後，直接了當地向對方表示「請給我點時間做最終確認」。這個時候不需要「非找到哪個地方漏問了不可」。我自己訪談時，一定會在最後留點時間做最終確認，從來沒有受訪者因此感到不愉快。有時，還能藉此向受訪者的同行者聊聊。

訣竅就在於直接了當地提出請求。假如最終確認沒有找到任何遺漏，只要說「沒有遺漏問題，謝謝您」就可以了。

2. 後續日程的聯絡

> 例▼
>
> 「文章預計於○天左右完成，到時候再聯絡給您確認內容。」

接受訪談的受訪者，當然也想知道「我要確認哪些部分？文章什麼時候公開發布呢？」因此，大概就好，要讓受訪者瞭解概略的日程。有時受訪者會主動詢問這類問題，這個時候如果沒事前做好準備，弄得慌慌張張的，可能會給人很菜的印象。在受訪者面前應該要表演出專業的形象，這類狀況應該能避免就避免。所以，搶在別人開口前，先向對方說明後續日程吧。

3. 做好訪後因應措施

> 例▼
>
> 「今天問題應該都已經問完了，假如有另外想知道的資訊，可以跟您聯絡嗎？」

有時，開始動筆寫文章才會發現資訊不足。雖然這樣的狀況應該要避免，但既然有可能會發生，就該事先擬定對策。所以在訪談結束之際，簡單一句話「之後還可以跟您聯絡嗎？」表示以防萬一，到時候如果有不足之處，可能需要跟對方確認，稍微讓受訪者有心理準備。

訪談結束之後

「撰寫文章」時，最重要的就是，訪談結束後「盡可能早點開始動筆」。在記憶猶新時，著手撰寫文章的架構或內文的效率最好。我在訪談結束後，常常到附近租借一個小時的會議室，「限制自己在一個小時之內寫作，能寫多少就寫多少」。這個方法的工作效率極高，請各位務必嘗試看看。

Section 05

撰寫取材文章的方法

接下來將為各位介紹，如何撰寫取材文章。雖說如此，取材其實也是調查資料的方式之一，因此，撰寫取材文章的方法跟一般文章沒什麼兩樣。但取材文章撰寫時，還是有必須特別注意的地方，以下將詳細說明要點。

不需要一字不漏地引用受訪者說的話

首先，雖然說是訪談，也不需要一字不漏地引用受訪者說的話。但也有一派說法是「一定要一字不漏地引用受訪者說的話」。這沒有所謂的正確答案，只要選擇自己比較認同的那一方就好。我是選擇「不一字不漏地引用受訪者說的話」這一派。

這裡再次重複說明，撰稿人必須時常思考文章目的何在，而文章的目的就在於「讓讀者理解、認同文章的內容，並採取媒體期望的行動」。從這個角度來看，沒必要執著一字不漏地引用受訪者說的話，可以尋找其他更好理解的表達方式來呈現。

只不過這個方法當然也有必須注意的地方。那就是對受訪者來說，撰稿人自行解釋受訪者說的話、撰寫而成的文章，未必是受訪者的意思。因此在文章公開發布出去之前，必須將依據自己的理解撰寫而成的文章，請受訪者做確認。

這個時候要竭盡力氣地去思考「受訪者到底想表達什麼」，當受訪者問道「你這個地方為什麼這樣寫」，必須要有辦法說明清楚。

減法至上

「減法」的重要性不僅限於取材，也是讓讀者採取行動的重要關鍵。篇幅過長、涵蓋各種內容的文章，讀者讀起來吃力不好懂。但一個小時的取材，取得的資訊量相當豐富。而且取材常常會遇到，受訪者講的東西非常有趣，當每一段話都很有趣時，就算彼此之間沒有關聯，也會讓人很想把每個故事都寫出來。

但是話題跳來跳去，對讀者來說會很理解。因此，雖然很可惜，跟主題無關的內容，無法促使文章目標達成的內容，就不要放進文章裡（**圖 8-12**）。

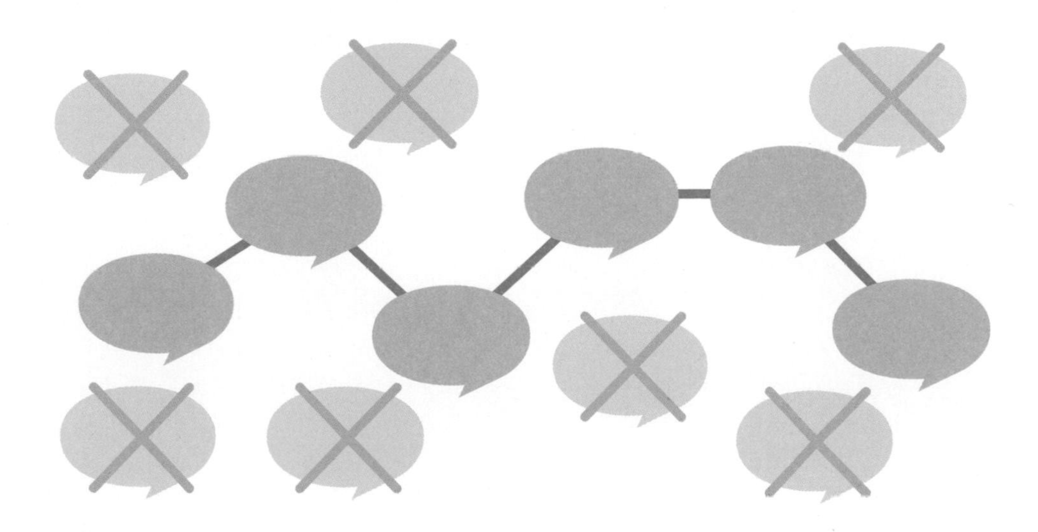

圖 8-12 跟主題無關的內容，就狠下心刪除

雖然說偏離主題的內容要刪掉，但如果故事獨立出來也很有趣，可以另外整理出來，用在其他文章上，或是作為社群媒體發文用的素材。

假如你是外包寫手，把文章沒用到的有趣故事簡單整理成短文，跟稿件一併提供給業主，客戶應該會很開心，請務必試試看。

不要硬把受訪者名字放進文章標題裡

取材結束後，開始寫文章，越寫越是欣賞受訪者，忍不住把受訪者的名字放進文章標題裡……這種事情我很常做。

但受訪者名字是否要放進文章標題裡，必須經過評估。假如把受訪者的名字寫進標題裡，能增加文章在網路媒體上的傳播，或是有助於提升 SEO 的效果，那當然是把受訪者的名字寫進標題比較好。可是，如果將受訪者的名字寫進標題，對吸引讀者沒什麼效果，就不必勉強寫進標題裡。這裡並不是說「受訪者的名字無用」，而是可以寫進標題的資訊量有限，因此受訪者的名字「並不是標題最重要的部分」。如同第 142 頁所談到的，擬定標題時，基本上應該要以「文章是針對誰而寫、為了解決讀者什麼樣的煩惱」為優先。

Column 內容的再利用與轉換的建議

如果費心費力完成的文章「只用一次就不用了」，實在非常可惜。因此，建議可以把文章內容應用到其他地方，例如：擷取文章部分內容發到推特上，讓文章發揮更大的效益。就像這樣，為了讓文章帶來更大的商業效益，思考「寫好的文章能不能應用到其他地方」就變得相當重要。不要讓心血結晶只帶來一種成效，要試著思考能不能帶來第二種、第三種成效。

比方說，把文章中所使用的圖文說明轉成圖片，發到 IG 或 Pinterest，朗讀文章製作成有聲內容，拍攝短片等等。而且寫好的文章就是各種應用的「原始素材」，不必從零開始，製作起來相對輕鬆。

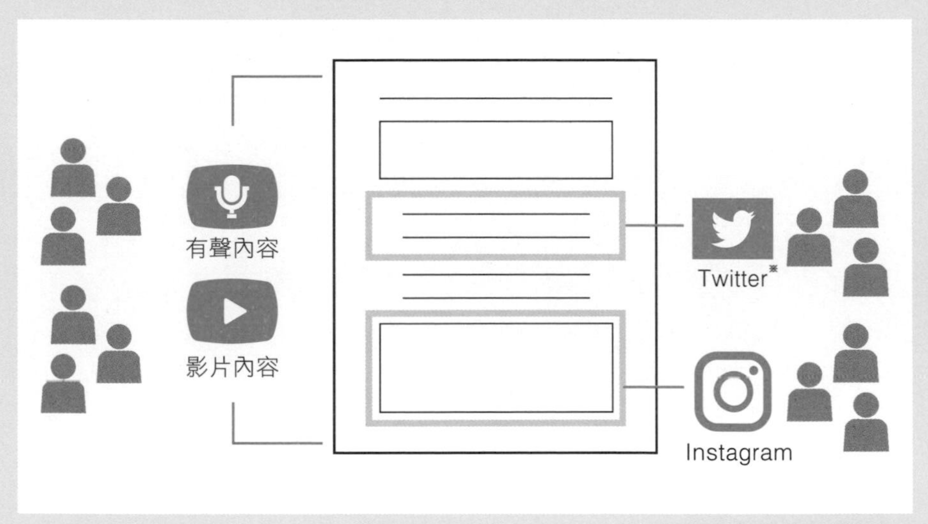

※ 2023 年 7 月更名為 X。

把內容應用到多個社群媒體的好處就在於，「可以搭上現今熱門媒體平台的風潮」。也就是說，在各種不同的社群媒體曝光，有助於吸引更多的顧客上門。你不知道哪個內容有效，假如想抑制製作成本，分散集客管道，會比仰賴單一集客管道來得好。

而且把文章內容當作「原始素材」，應用到各種不同的社群媒體，可以讓文章的效果翻好幾倍，就算文章的製作投入了相當多的成本，也能夠得到超出成本之上的回報。這個思維就是，不要讓文章發一次就結束，要應用到其他社群媒體，讓文章的效用發揮到極致。

實際上，有好幾個客戶透過我數位行銷的輔導服務，轉發內容到社群媒體，成功引來流量。

比方說，一篇文章，可以轉製成 10 則的內容，發布到社群媒體上，例如：推特、IG 動態、YouTube、短片（TikTok、短影音、YouTube 短片）。可以依據文章標題分次發文，假如有表格或條列式重點的內容也能做成一則貼文，製作十則以上的發文不是什麼難事。這個手法叫做「內容轉換」，實行這項作業的人叫做「內容轉換者」。

「內容轉換」只要有「原始素材」，就能短時間製作出多篇內容，而且「原始文章下了很多功夫＝含有內容豐富、細緻的獨創性資訊」，能據此製作出高品質的網路媒體貼文。換句話說，「能夠短時間內大量生產高品質的貼文內容」。

只要活用「內容轉換」，就能讓一篇文章的流量輕鬆翻十倍以上，而且平台不同，使用者也不同，能讓文章接觸到更多不同類型的讀者。由此挖掘到出乎意料的需求，發展出其他新事業的案例不勝枚舉。

另外，從 SEO 的觀點來看，也非常推薦這個方法。為了讓文章能夠應用到其他各種不同的社群媒體，投入成本和心力撰寫，優質的文章容易獲得 Google 等搜尋引擎的評價。而且，假如在各大社群媒體成功地吸引到讀者，成為「獲得眾多使用者喜愛的網站」，還能增加 SEO 效果，使網站於搜尋結果得到更好的排名。

不要讓文章只僅止於文章，請試著思考，文章能不能轉用到其他地方。

專欄作者：大木

結語

這本書最想傳達給各位的訊息就是，**釐清目的，然後採取能夠達成目的的行動**。這個概念與本書所說明的各種行動息息相關，例如：「釐清媒體整體目的，擬定文章架構」、「明確文章目的，製作取材企劃」、「假如文章的目的在於傳達訊息，就算用詞正確，也應該避免使用容易誤解的詞彙」、「假如文章目的在於為公司帶來營收，就要把時間花在理解商品和顧客上頭，而非文章細部的雕琢」、「假如文章目的是增加註冊數量，就要把文章寫成，即使讀者沒看完文章，只閱讀引導文也能帶來成效」等等。

大家可能會覺得「這個做法是不是太過重視目的」，但這本書的目的，在於幫助各位寫出能夠創造出「成果」。因此，決定要寫這本跟行銷相關的「寫作」書的時候，我就在心裡下定決心要寫本「**不斷思考要如何創造出成果的『寫作書』**」。正因為如此，造就了這本從第一章「製作媒體是為了達成什麼目的」開始談起，**卻遲遲不動筆的「寫作書」**。

假如能夠從目標或成果逆推，製作出文章並深入理解商品服務和顧客，撰稿人也有能力對應所謂行銷的上游部分，例如：改善或開發商品服務，選定目標客群等等。如此一來，不僅能提升自己的市場價值，也能增工作自主量權，保證你工作起來更快樂。

為了實現**「寫得開心又能增加收入，獲得上司和客戶的好評、贏得信賴」**這個目標，假如本書能幫助讀者，從「確認目的、採取達成目的之相應行動」開始做起，是我的榮幸。

佐佐木豪

Index | 索引

【12～14劃】

【15～19劃】

【21～23劃】

數位時代的內容行銷入門必修課

作　　者：佐佐木豪
寫作協助：椎名浩弥 / 鈴木菜月 / 土谷みみこ
專欄寫作：川端 康介 / 大木 / ヒトデ
裝訂．文字設計：植竹 裕
譯　　者：謝敏怡
企劃編輯：江佳慧
文字編輯：詹祐甯
特約編輯：楊心怡
設計裝幀：張寶莉
發 行 人：廖文良

發 行 所：碁峰資訊股份有限公司
地　　址：台北市南港區三重路 66 號 7 樓之 6
電　　話：(02)2788-2408
傳　　真：(02)8192-4433
網　　站：www.gotop.com.tw
書　　號：ACV046400
版　　次：2024 年 03 月初版
建議售價：NT$480

國家圖書館出版品預行編目資料

數位時代的內容行銷入門必修課 / 佐佐木豪原著；謝敏怡譯. -- 初版. -- 臺北市：碁峰資訊, 2024.03
面；　公分
ISBN 978-626-324-734-5(平裝)
1.CST：廣告文案　2.CST：廣告寫作　3.CST：網路行銷
497.5　　112022752

本書是根據寫作當時的資料撰寫而成，日後若因資料更新導致與書籍內容有所差異，敬請見諒。若是軟、硬體問題，請您直接與軟、硬體廠商聯絡。